% $

¥

平衡掌控者
游戏**数值经济**设计

似水无痕 著

电子工业出版社
Publishing House of Electronics Industry
北京·BEIJING

内 容 简 介

本书由真正从事游戏行业工作的一线人员所著，书中的全部案例来自真实的游戏设计案例。全书共7章，第1章介绍数值策划在职场中的发展路线，第2章介绍Excel在数值工作中的实战应用，第3章介绍MMORPG经济系统设计，第4章介绍MMORPG经济系统实现，第5章介绍两个VBA模拟案例，第6章介绍运营策划和与数据统计相关的内容，第7章介绍求职中大家需要注意的一些事项。

本书适合以下人群阅读：未从事过游戏设计工作但热爱游戏，想往数值策划方向发展的人；从事过游戏设计工作但没有机会做数值策划，而又向往做数值策划的人；想了解数值策划及其工作内容和工作方法的人。

未经许可，不得以任何方式复制或抄袭本书之部分或全部内容。
版权所有，侵权必究。

图书在版编目（CIP）数据

平衡掌控者：游戏数值经济设计 / 似水无痕著. —北京：电子工业出版社，2020.9
ISBN 978-7-121-39363-1

Ⅰ. ①平… Ⅱ. ①似… Ⅲ. ①游戏程序－程序设计 Ⅳ. ①TP317.6

中国版本图书馆 CIP 数据核字(2020)第 144312 号

责任编辑：付　睿
印　　刷：涿州市般润文化传播有限公司
装　　订：涿州市般润文化传播有限公司
出版发行：电子工业出版社
　　　　　北京市海淀区万寿路 173 信箱　邮编：100036
开　　本：787×980　1/16　印张：16.75　字数：295 千字
版　　次：2020 年 9 月第 1 版
印　　次：2025 年 2 月第 10 次印刷
定　　价：79.00 元

凡所购买电子工业出版社图书有缺损问题，请向购买书店调换。若书店售缺，请与本社发行部联系，联系及邮购电话：(010) 88254888，88258888。
质量投诉请发邮件至 zlts@phei.com.cn，盗版侵权举报请发邮件至 dbqq@phei.com.cn。
本书咨询联系方式：(010) 51260888-819，faq@phei.com.cn。

前言

时光飞逝,岁月如梭,转眼间,距离我第一本书出版已经过去 3 年多。出于我个人工作和家庭的原因,第二本书的上市时间延后了很久,在这里向支持我的书友们说声抱歉。

在完成第一本书之后,我收到了很多书友的反馈,倍感欣慰。我非常开心地看到一些书友通过阅读我的书获得了入行机会或更好的工作机会。很多书友向我表达了感谢,但其实你们更应该感谢自己,感谢自己不放弃自己的游戏梦想,感谢自己不放弃提升自己的专业能力。希望在之后的岁月里,我们都能与中国的游戏行业共同前进,携手共创辉煌。

全书共分为 7 章,每一章的概述如下。

- 第 1 章将介绍数值策划在职场中的发展路线。
- 第 2 章将介绍 Excel 在数值工作中的实战应用,有一定的难度。
- 第 3 章将介绍 MMORPG 经济系统设计。
- 第 4 章将介绍 MMORPG 经济系统实现。
- 第 5 章将介绍两个 VBA 模拟案例。
- 第 6 章将介绍运营策划和与数据统计相关的内容。
- 第 7 章将介绍求职中大家需要注意的一些事项。

本书适合以下读者阅读。

- 未从事过游戏设计工作但热爱游戏，想往数值策划方向发展的人。
- 从事过游戏设计工作但没有机会做数值策划，而又向往做数值策划的人。
- 想了解数值策划及其工作内容和工作方法的人。

本书延续了上一本书的思路，全部案例由真实游戏案例归纳、总结而获得。数值策划工作绝不能纸上谈兵，大家一定要动手实践书中的案例。

【读者服务】

扫码回复：39363

- 获取博文视点学院 20 元付费内容抵扣券
- 获取免费增值资源
- 加入读者交流群，与更多读者互动
- 获取本书附带 Excel 文件

目录

第 1 章　数值策划的职业发展 1
　1.1　刚入行的那些年 1
　　　1.1.1　入行机缘 2
　　　1.1.2　新手上路 3
　　　1.1.3　独当一面 5
　　　1.1.4　数值构架 5
　1.2　晋升之路 6
　　　1.2.1　数值组长 7
　　　1.2.2　主策划（制作人） 8
　　　1.2.3　选择 10

第 2 章　Excel 实战运用 11
　2.1　编辑模式 11
　　　2.1.1　什么是编辑模式 11
　　　2.1.2　编辑模式的进入方式 12
　2.2　查询函数 16
　　　2.2.1　一对一逆向查询 16
　　　2.2.2　一对多查询 20
　　　2.2.3　多对一查询 23
　　　2.2.4　交叉查询 24
　　　2.2.5　区分字母大小写的查询 26
　　　2.2.6　去除重复值 28
　2.3　数学函数与统计函数 30
　　　2.3.1　最大值和最小值 30

2.3.2 数列 31
　　2.3.3 不重复排名 32
　　2.3.4 档位划分 32
　　2.3.5 频度统计 33
2.4 引用函数 35
　　2.4.1 R1C1 引用样式与 A1 引用样式 35
　　2.4.2 定位最后的非空单元格 36
2.5 宏表函数 37
　　2.5.1 工作表名称列表 37
　　2.5.2 取单元格属性值 39
　　2.5.3 EVALUATE 函数用法 45
2.6 其他函数 46
　　2.6.1 字符的出现次数 46
　　2.6.2 数值提取 47
　　2.6.3 分级累进求和 49

第 3 章 MMORPG 经济系统的设计 52
3.1 经济系统概述 52
　　3.1.1 生产 52
　　3.1.2 积累 54
　　3.1.3 交易 54
　　3.1.4 消耗 54
3.2 经验相关设计 55
　　3.2.1 经验值相关设计 55
　　3.2.2 获取经验值相关设计 63
3.3 币制体系 67
　　3.3.1 三币制 67
　　3.3.2 四币制 71
　　3.3.3 币制小结 72
3.4 交易系统 73
　　3.4.1 摆摊交易 73
　　3.4.2 拍卖行交易 74
　　3.4.3 玩家间直接交易 77

    3.4.4 交易系统小结 78
  3.5 追求点设计 79
    3.5.1 与等级相关的追求点设计 79
    3.5.2 与属性值相关的追求点设计 82
  3.6 阶段划分与定位 91
    3.6.1 体验期 92
    3.6.2 新手期 92
    3.6.3 成长期 93
    3.6.4 稳定期 93

第 4 章 MMORPG 经济系统的实现 94
  4.1 整体架构设计 94
  4.2 系统规则概述 95
    4.2.1 人物自身属性 95
    4.2.2 装备系统 96
    4.2.3 宠物系统 101
    4.2.4 宝石系统 104
    4.2.5 答题系统 105
    4.2.6 货币系统 106
    4.2.7 副本系统 106
    4.2.8 任务系统 106
  4.3 产耗模型 107
    4.3.1 系统产耗 109
    4.3.2 资源产耗 117
  4.4 调整产耗投放 142
    4.4.1 对经验值进行调整 142
    4.4.2 对货币进行调整 144
    4.4.3 对装备进行调整 148
    4.4.4 对宝石进行调整 152
    4.4.5 对宠物进行调整 153
    4.4.6 对道具进行调整 154

第 5 章 VBA 模拟案例 156
  5.1 洗点系统成长模拟案例 156

5.1.1 系统概述 156
　　　　5.1.2 规则与数据概述 158
　　　　5.1.3 变量介绍 162
　　　　5.1.4 程序解析 163
　　　　5.1.5 模拟用途 168
　　5.2 简易 RPG 行为模拟案例 183
　　　　5.2.1 模拟演示 184
　　　　5.2.2 数据概述 186
　　　　5.2.3 变量介绍 190
　　　　5.2.4 程序解析 194
　　　　5.2.5 模拟用途 211

第 6 章　运营策划与数据统计 212
　　6.1 网络游戏的运营环节 212
　　6.2 运营策划 214
　　　　6.2.1 游戏推广 214
　　　　6.2.2 游戏活动 219
　　　　6.2.3 数据分析 229
　　6.3 后台数据统计需求 234
　　　　6.3.1 个人数据统计 234
　　　　6.3.2 全服数据统计 239
　　　　6.3.3 数据加工分析 241

第 7 章　求职中的那点事儿 242
　　7.1 校园招聘 242
　　　　7.1.1 岗位需求解析 242
　　　　7.1.2 笔试 245
　　　　7.1.3 面试 249
　　7.2 社会招聘 252
　　　　7.2.1 岗位需求分析 252
　　　　7.2.2 简历 255
　　　　7.2.3 面试 257
　　　　7.2.4 信息收集 257
　　7.3 我的亲身经历 258

第1章
数值策划的职业发展

在本书前作《平衡掌控者——游戏数值战斗设计》一书中，我们已经对数值策划在整个研发团队中的定位进行过介绍。在本书中，我们会进行更深入的探讨，我会根据自己的经验来介绍数值策划这一职业的发展规划，希望能给大家一些借鉴与参考，但也请不要教条式地照搬书中内容。

1.1节将从专业角度解析数值策划在刚入行的那些年应该具备的素质及该如何具备这些素质。

1.2节则将从职业发展的角度讲述数值策划后续可能上升至的一些职位及如何进行选择。

1.1 刚入行的那些年

先强调一点，如果你还在上学，那么你的第一要务是好好读书，其他都不要考虑，良好的教育背景会提升你全方位的"属性"。

若经过再三考虑之后，你依然想从事游戏行业相关工作的话，那就尽量去大一些的城市（北京、上海、深圳、广州、杭州、成都等），这样才能获得更好的机会。尽量避免去不正规的游戏培训公司。

然后好好安排你手里的钱，这非常重要，若生活都保证不了，你还怎么去做其他事？计算好在不工作的情况下你可以活几个月，如果有工作的话，那么工资多少可以保证你每个月收支平衡。接下来根据你找工作的进展情况再来做决定。

如果真的找不到游戏行业的工作，那么你可以先找一份能养活自己但又不那么忙的工作，继续学习游戏知识，继续找机会。这时一定要给自己定下时间底线，比如我 1 年内找不到游戏行业的工作，那我是不是考虑下回老家（生活成本低）。你必须在这时候激发自己的所有潜力和能力，或许你回到老家之后今生再也无缘游戏行业了。我当年待业几乎 1 年，最终在距离自己时间底线还有 2 个月的时候获得了宝贵的机会。（这段经历也是非常宝贵的，在后面求职相关的章节中会详细讲给你们。）

1.1.1 入行机缘

尽管每个人的出身不同，但如果选择进入游戏行业，那么大家面临的入行机缘其实是一致的。游戏行业的招聘一般可分为校招和社招。

1. 校招

不管在什么年代，优秀的游戏公司肯定都会招收优秀的新人来培养。随着近些年来游戏相关专业毕业人数越来越多，大公司校招的起点也越来越高，想加入腾讯、网易这类大公司，最少得是 985 或 211 学校的毕业生（通过某些特殊途径入职的不算）。所以达不到要求的同学，要考虑其他途径，不然你的简历很可能在 HR 环节就被淘汰了。中小公司一般会比大公司对新人的要求低一些，但一般也会要求是一本毕业生（简历确实太多没时间选择，所以会设置硬性指标）。

如果你的学历达不到招聘的最低要求，那么你就要尽可能多地参加一些与游戏相关的公司的主题活动（很多大中型公司每年都会举办类似的活动），或提前在大二、大三时期就争取到相关的实习机会。总之，要争取任何能展示自己的机会。在这些机会中，尽可能地结识前辈，通过前辈给你介绍工作机会，这样成功率会高一些。

2. 社招

首先说明一下，这里所说的社招指的是针对无游戏行业经验人士的社招。

不管当年你毕业时出于什么想法找了第一份工作，过一段时间后，你发觉自己还是想进入游戏行业，于是你又开始投简历了。如果你毕业时自身条件就符合招聘要求的话，你的入行难度会比应届生大（最直观的问题是，你为什么不在毕业时就直接从事游戏行业的相关工作）。而如果你毕业时自身条件不符合招聘要求的话，其实难度差异不大。

此时的重点是，你要对当前岗位、当前项目、当前公司（如果能了解到直属领导的喜好更好）有更多的了解，结合了解的情况提供一些符合招聘公司"口味"的设计，只有这样才能证明自己真的是有想法、有激情的新人，才有可能获得工作机会。

试想一下，项目组正在做一个MMORPG（一般指大型多人在线角色扮演类游戏）项目，目前对宝石系统的设计决策犹豫不决，此时若你递上一份针对端游、页游、手游等的宝石系统的详尽分析，那么你会不会得到一个工作机会？

如果你在上学时就想从事游戏行业相关工作的话，应该提早着手准备这些资料，这些资料对于找到满意的工作还是很有帮助的。

1.1.2　新手上路

谢天谢地，不管通过什么手段，你已经成功地加入了一家游戏公司并开始参与游戏项目的制作了。那么此时决不能掉以轻心，你现在还是一个没过试用期的员工。你的上级通过面试认为你初步具有了相关岗位的上岗能力，但你是否真的能胜任该岗位，接下来的试用期表现至关重要。

这时千万不能总是等着别人叮嘱你做什么事情，你必须要表现出一种主动学习的精神。没事的时候可以与组内成员多在一起活动、沟通、交流，这样也有助于你更好地融入团队。

对于上级交给你的任务，你要分清楚哪些是自己可以完成的，哪些是需要别人帮助你完成的，哪些是你目前还无法完成的，然后与上级进行充分的沟通。

这里需要注意如下两点。

（1）不要过度依赖

有些人习惯一有问题就去问别人，不能说这种习惯不好，但如果每次你的问题都过于简单，明显可以自己研究、解决，那么你的上级可能会认为你的能力不足，这对你之后的发展会产生一定的影响。当然也不能走另一个极端，不问任何问题，只靠自己死研究。这个度需要你在职场中慢慢学会把握。

（2）不要过度情绪化

还有一部分人会出现过度情绪化的情况。当自己的设计被别人质疑的时候，会显得非常不理性。在工作过程中，由于大家的经历不同、思维方式不同，所以就算是面对同样的系统，不同的人也会做出不同的设计，此时要避免情绪化，保证良好的沟通，然后针对目前的项目情况来选择合适的方案。千万不要针对某人进行特定攻击，觉得此人的设计都是有问题的。如果真的是他的能力有问题，上级会做出相应的调整。

另外，还有些人觉得工作以内的事情自己完全可以胜任，除此之外还想做点什么来提升自己。不同的人看法不一样，我根据自己的经验为这些人提供如下两点建议。

（1）多逛逛相关论坛，如 GameRes 论坛等，看看自己感兴趣的帖子或精品帖子，有些帖子还是很适合学习的。

（2）你肯定有自己希望做的某种类型的游戏，或者你自己当前正在做某种类型的游戏，那么多去体验这种类型的游戏并做笔记，会对你非常有帮助。

1.1.3 独当一面

按照正常的成长轨迹，一个工作 2 年左右的数值策划应该具备独当一面的能力。我在这里所说的独当一面的能力是，可以独立完成一个系统的策划设计与开发工作且符合设计上的预期，以及可以快速、准确地完成后期的数据维护工作（如果能考虑到后续需求的扩展那就更好了）。

如何培养自己独当一面的能力呢？

首先，在你 0~2 年的工作过程中，要多向公司内的资深策划（公司外的专家也可以）学习，学习他们在设计过程中的思考方式，与程序员、美术师及其他人员的沟通技巧，以及在遇到需求与当前设计有冲突时的解决技巧等。

其次，你自己也需要多多体验相同系统在不同游戏中的做法。这与入行前对相关系统设计思路的反推不一样，这时你已经是业内人士了，你已经熟悉一些通用的设计技巧和设计方式，在这些知识的引导下，你可以更准确地领会其他游戏策划的设计目的。

1.1.4 数值构架

大部分游戏的数值构架都可以分为战斗模块和经济模块两部分，MMORPG 更是在这两个模块上达到了复杂程度的顶峰。一般情况下，工作 3~5 年的数值策划应该具备构建数值构架的能力，但也有人由于机会或个人原因无法拥有这一能力。具备了构建数值构架的能力可以说是在独当一面的基础上更进了一步，除需要对每个系统了然于胸之外，更需要对系统之间的联系心如明镜。这些数值策划在做设计之前，往往需要先对整体系统进行规划，如图 1-1 所示。

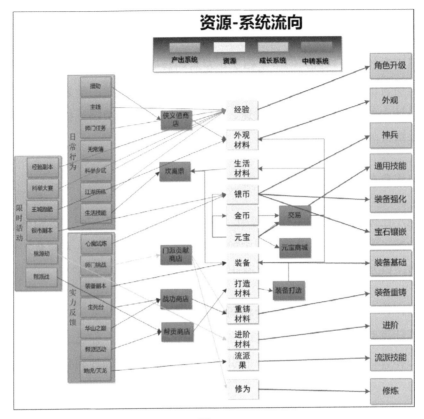

图 1-1

在做具体设计之前，需要对整个系统的构架和循环有非常清晰的规划，这样才能保证在具体设计时不会失去方向。

要掌握构建数值架构的能力，向业内前辈学习和自己钻研是最快速的通道，其实还有一个方法，那就是通过一个项目练手。但这种方法可遇而不可求，对于动辄成百上千万元的项目，基本不可能让经验不足的人来做决定性设计。

1.2 晋升之路

关于数值策划的晋升之路，下面主要介绍数值组长和主策划（制作人），并且给出一些如何进行选择的建议。

1.2.1 数值组长

数值组长可以说是数值策划晋升的第一顺位岗位，数值策划基本上在拥有了之前所说的构建数值构架的能力后就足以胜任该岗位了。

我们随机从网上拿一份该岗位的描述文字来分析一下。

数值策划组长

工作职责描述：

（1）搭建 MMO（大型多人在线）类游戏的战斗、经济和成长的数值模型。

（2）搭建包含交易系统的经济系统，并能保证经济系统稳定运行。

（3）对游戏的成长感和平衡性负责。

（4）使用 VBA 搭建数值研发工具。

任职要求：

（1）理科类本科以上学历，5 年以上数值工作经验，3 年以上 MMO 类游戏研发经验。

（2）精通 VBA，可以独立使用 VBA 制作工具。

（3）对高等数学、统计学、概率、心理学、经济学等方面有较深理解者优先录取。

大家可以看到，上述内容与我之前所述基本吻合，略有不同的是这家公司希望数值策划对 VBA 工具掌握得更熟练一些。另外，将数值部分划分为了战斗、经济和成长 3 块（近些年来，这种对数值部分的划分方式也是较多公司采用的方式，不过在我看来，数值部分是一个整体，细分为 2 块还是 3 块都是可以的，这取决于设计的精细程度）。

1.2.2 主策划（制作人）

主策划是大部分游戏策划心中最向往的岗位，我当年为了当上主策划，不惜在短期内连续跳槽（这是一种选择，无法说到底是好是坏）。而在我第一次当主策划时，也出现了非常多的问题，但这些都成了自己宝贵的经验。

首先我认为能转做主策划的数值策划至少都应该拥有数值组长的能力。数值策划转主策划的优点在于，数值策划精通游戏数据方面的工作并熟知如何与运营人员合作和沟通，这对于上线运营期的游戏来说很有帮助，所以大部分数值策划转主策划出现在运营期。而数值策划转主策划的缺点在于，与其他策划转主策划相比，数值策划的工作更独立，所以在沟通上可能会有所缺失。

此外，主策划相当于游戏团队中的管理人员，不管哪类策划转做主策划，都需要学习一些必备的管理知识和经验，这些能力也会为你当制作人打下基础。在目前的开发模式下，在大型游戏项目中，会把制作人和主策划划分得较为清晰，而在很多中小型游戏项目中，主策划兼任制作人或制作人兼任主策划都是非常常见的。由此可见，主策划和制作人的工作在很多方面是有互通性的。

下面我按照自己的理解，谈谈对主策划及制作人的能力要求。

（1）团队掌控力

这里的团队掌控力是指，在团队人员认可的情况下，大家可以朝同一个目标努力。虽然这是很简单的一句话，但是看似容易，实则困难无比，团队中的每个人都会有自己的诉求，如何将这些诉求有效地引导在一起，极其考验主策划和制作人的团队掌控力。

除此之外，团队掌控力还体现在团队人员的稳定性上。我听朋友说起过一个制作人，各方面能力都不错，但公司依然开除了他，理由是此人领导的项目中人员流动性奇高无比，并且没有一名员工在该项目中工作超过 6 个月（管理层的观点是，员工觉得这个制作人不靠谱，在熟悉了项目及制作人后选择离职）。

（2）与团队内部及外部的沟通能力

对内来说，一个研发团队一般会分为程序组、策划组、美术组和其他组（有些项目还有 QA［质量保证］组，而有些项目与其他项目共用 QA 组）。针对内部的沟通，比如你今天提了一个设计方案，策划组是否可以根据这个方案完成具体的设计文档，程序组和美术组是否可以根据这个方案实现你想要的最终设计，这些统统都由主策划或制作人的沟通能力决定（如果下级的设计能力不够，有时候还会考验主策划或制作人的设计能力）。

对外来说，我们还可能与运营团队、市场团队、外包团队及其他研发团队等产生合作与交流。如果主策划或制作人不能与这些团队保持良好的沟通，那么很可能获取不到相应的优质资源，从而无法很好地完成工作。

（3）项目管理能力

有些公司会单独设立项目管理岗位来负责项目管理工作。我很认同这种做法，我认为这部分工作与游戏项目关联性不大，但又非常重要且消耗时间。但很多公司由于成本原因无法设置单独的项目管理岗位。

管理能力的参考书可以说是最多的。我比较认可的说法是，"管"就是制度化地控制工作，而"理"就是通过沟通或其他方式让前面"管"的工作顺利完成。

游戏公司的管理应以人为本。策划组由于是工作需求方，所以由策划去沟通与协调各组工作是最有效的管理手段。而沟通过程中的尺度问题其实是最难把握的。比如，有些美术师希望你尽可能地给出详尽的参考图，而有些美术师则认为你这样做限制了他的发挥空间。所以在沟通过程中，一定要做到心平气和、因人而异。

（4）游戏设计能力

与其他能力相比，游戏设计能力是策划的专业能力。对于主策划或制作人，则需要更全面地分析这个能力。

主策划或制作人首先会对设计方向进行把控：需要做一个什么样的游戏，要给玩家带来一种什么样的游戏体验，这个游戏与其他同类游戏相比有何特别之处。此外，在保证设计大方向没问题后，他们往往需要找出办法让团队更高效地实现设计效果。

另外，这里有一点需要注意，由于游戏定位不同，有些游戏可能更偏向付费部分的游戏体验，而有些游戏则更注重游戏自身的体验，这会导致主策划或制作人在设计时有不同的选择。两个定位没有孰优孰劣，我认为在不同的定位上都可以出现大师级的作品。

1.2.3 选择

一般情况下，我会建议数值策划把握合适的机会先升到数值组长，然后进一步选择做主策划或制作人。但有些人就喜欢做数值策划，不喜欢把过多的时间花在管理、沟通上，这就看个人的选择了。但如果要专职做数值策划的话，就需要比其他人在数值专业领域上下更大的功夫，争取做出更优异的成绩。

或许，有些人会纠结是做主策划还是做制作人。一般来说，主策划会更接近整个游戏的设计，而制作人更偏向承担管理职能。但从汇报关系来说，主策划需要向制作人汇报工作，所以如何选择还是要看个人的意愿和考虑。

第 2 章

Excel 实战运用

在本书前作《平衡掌控者——游戏数值战斗设计》一书中,我们介绍了 Excel 函数的基础用法,大家最好在掌握了这些基础用法后再来阅读本章。这就好比先学会基础的加/减/乘/除运算,才能进一步地学习更深的数学知识一样。

2.1 编辑模式

本节主要介绍编辑模式,包括什么是编辑模式,以及编辑模式的进入方式。

2.1.1 什么是编辑模式

这里所说的编辑模式是指,Excel 函数编辑栏处于激活状态时的模式。当我们打开一个空白的 Excel 表格时,默认处于 Excel 表格模式,你可以选择不同单元格区域或单个单元格,如图 2-1 所示。

图 2-1

2.1.2　编辑模式的进入方式

主要有 3 种方式可以进入编辑模式，下面先来看看前两种方式。

（1）默认激活。

（2）单击函数编辑栏激活。

在用户选中单元格并输入信息后，Excel 就会认为用户想要编辑当前单元格，并会在当前单元格中提供公式记忆式键入功能。

什么是公式记忆式键入？如图 2-2 所示，Excel 会自动根据你输入的字符来推荐相应的函数，这就是公式记忆式键入。这是非常好用的功能，一定要开启。

图 2-2

开启该功能的方法：单击左上角的"文件"→"选项"按钮，弹出如图 2-3 所示的对话框，在其中单击"公式"选项卡，然后在右侧勾选"公式记忆式键入"复选框即可。一般情况下，该功能默认是开启的，若无法使用该功能，则可以按上述流程进行开启。

图 2-3

然后介绍第 2 种激活方式，如图 2-4 所示，焦点位置在编辑栏中，编辑栏中的空间比较大，更适合编辑较长的公式，并且也方便定位到公式的指定位置。

图 2-4

介绍完上述两种激活方式，下面再说说第 3 种激活方式。第 3 种激活方式较为特殊，下面进行重点介绍。当选择 A1 单元格时，按下 F2 键就会进入编辑模式，此时系统会认为你操作的是单元格,但当你再次按下 F2 键时,则会进入输入模式,这个时候系统会认为你操作的是表格,只是选中了当前的单元格。

如图 2-5 所示,首先进入编辑模式,输入=vl,系统会启用公式记忆式键入功能。

图 2-5

此时,如果不按下 F2 键,而按下小键盘上的<键(方向键左键),光标就会从 A1 单元格最右侧的字符位置向左移动一格,如图 2-6 所示,光标位于 v 和 l 之间。

图 2-6

而如果在按下 F2 键之后,再去按小键盘上的>键(方向键右键),那么光标会直接从 A1 单元格跳到 B1 单元格,如图 2-7 所示。

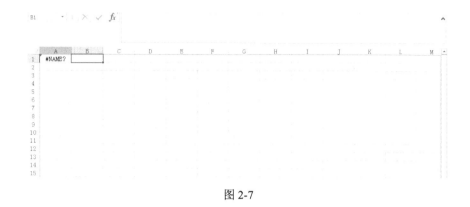

图 2-7

在实际工作中,一定要注意操作的是表格还是单元格,因为两者的属性差异很大。

特别说明:当处于**编辑模式**且 **Excel** 中没有显示光标的时候,尽量不要执行其他文件操作,不然相应的操作会被系统延后响应。

下面举例说明一下,如图 2-8 所示。

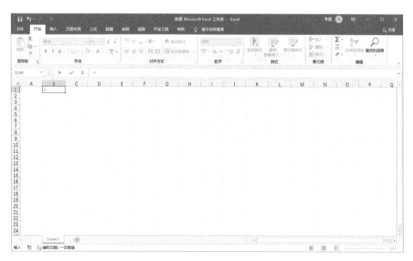

图 2-8

此时的 B1 单元格正处于编辑模式,然后将整个表格最小化(单击窗口右上角的 ━ 按钮),接着双击位于桌面左侧的那两个 Excel 文件,这时会发生什么呢?大家可以试试，结果就是两个 Excel 文件暂时不会被打开，但在你退出 B1 单元格的编辑模式之后，这两个 Excel 文件会突然地依次打开。这是由于编辑模式下打开文件命令被延后执行导致的。千万要注意这种情况，太多人因此怀疑自己的电脑或 Excel 软件有问题了。

2.2 查询函数

本节将用几个具体的实例来讲解查询函数的运用方法，单个函数的含义和用法请读者自行学习或查看本书前作《平衡掌控者——游戏数值战斗设计》。

2.2.1 一对一逆向查询

如果让数值策划来票选 Excel 中使用率第一的函数，那我相信 VLOOKUP 函数应该会拔得头筹。但在实际工作中，我们常常会遇到一个尴尬的问题，那就是要查询的第一个参数 lookup_value 有时不在要查询数据所在列的前列,而是在要查询数据所在列的后列，此时就需要使用逆向查询了，如图 2-9 所示。

	A	B	C
1	技能ID编号	技能名称	技能描述
2	10001010	入门攻击1级	附加物理攻击34,冷却时间:3回合
3	10001020	入门攻击2级	附加物理攻击49,冷却时间:3回合
4	10001030	入门攻击3级	附加物理攻击66,冷却时间:3回合
5	10002010	入门法术1级	附加法术攻击41,冷却时间:3回合
6	10002020	入门法术2级	附加法术攻击70,冷却时间:3回合
7	10002030	入门法术3级	附加法术攻击96,冷却时间:3回合
8			
9	技能名	技能ID	公式
10	入门攻击3级	10001030	=INDEX($A$2:$A$7,MATCH($E$2,$B$2:$B$7,0))
11	入门法术3级	10002030	=VLOOKUP(E3,IF({1,0},$B$2:$B$7,$A$2:$A$7),2,0)

图 2-9

下面给出两种方案，都可以解决这个问题。

第 1 种方案采用了 INDEX+MATCH 函数，这应该算是最常规的做法了。我们会用公式求值的例子来给大家展示具体解析步骤。选择 B10 单元格后，单击"公式求值"按钮(Excel 上部"公式"选项卡中的一个功能按钮),这时会弹出如图 2-10 所示的对话框。

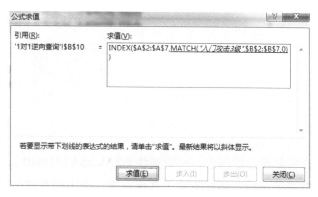

图 2-10

在该对话框中单击"求值"按钮,公式就会执行下画线部分并获得运算结果,如图 2-11 所示。

图 2-11

在这里可以看到,由于要查询的技能 ID 编号在$A$2:$A$7 单元格区域中的排位与技能名称在$B$2:$B$7 单元格区域中的排位是一样的,所以可以先用 MATCH 函数查询 A10 单元格的值"入门攻击 3 级"在单元格区域$B$2:$B$7 中的排序值,然后使用 INDEX 函数和这个排序值在$A$2:$A$7 单元格区域中找到对应的技能 ID 编号,如图 2-12 所示。

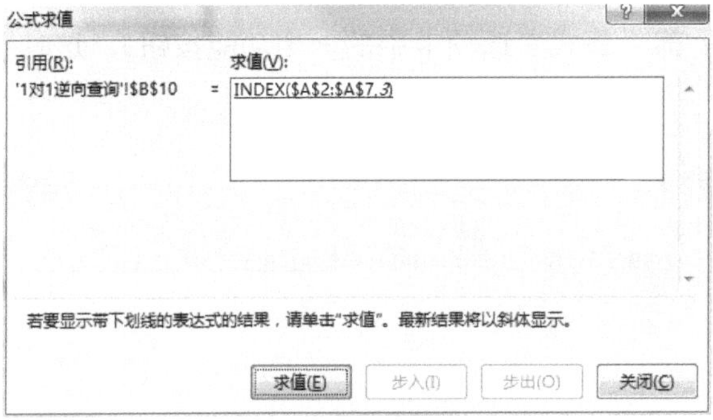

图 2-12

需要注意：在实际操作过程中，一定要注意$A$2:$A$7和$B$2:$B$7这两个单元格区域中的排序值是否一致，不然就成了乱序查询，会出现查询值错位的情况。

下面再看看第 2 种方案，它采用的是 VLOOKUP+IF 函数数组化的做法，这种做法理解起来可能比第 1 种略复杂一些，但可以通过这个案例学习 IF 函数数组化的知识。这个方案的思路是，用 IF 函数生成数组，重新生成一个查询区域，该单元格区域内以技能名称为第 1 列，以技能 ID 编号为第 2 列，然后就可以直接使用 VLOOKUP 函数进行查询了。下面还是使用公式求值功能来进行解析，单击一次"求值"按钮后，如图 2-13 所示。

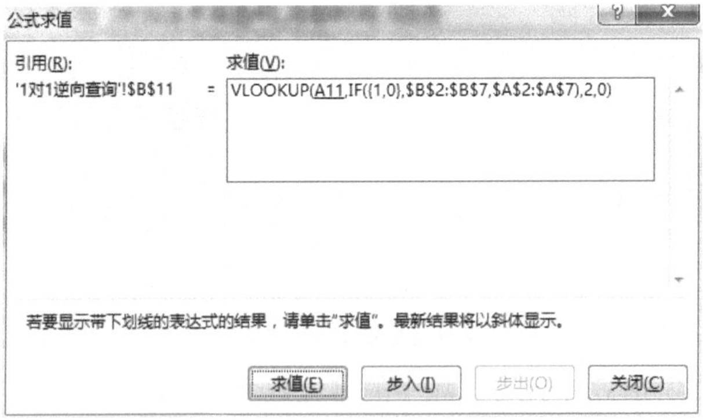

图 2-13

此时再次单击"求值"按钮，看看 IF 函数的数组化（IF 函数的数组化是指用 IF 函数将单元格区域中的数值转化为数组），如图 2-14 所示。

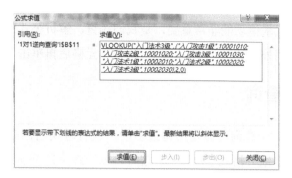

图 2-14

在这里,我们用到了 IF 函数的数组化功能。IF 函数是条件判断函数,但其实它还有一个强大的功能,那就是可以通过判断条件来生成数组。而 VLOOKUP 函数本质上查询的也是数组,只是无法进行逆向查询,所以我们用 IF 函数的数组化实现了数组内数值的重新排序。

下面单独看一下 IF({1,0},$B$2:$B$7,$A$2:$A$7),将这个公式输入单元格试试。不好意思,估计你得到的是#VALUE!,因为它产生的是内存数组,不会直接显示。还记得《平衡掌控者——游戏数值战斗设计》一书中介绍的数组公式吗?我们可以按 Ctrl+Shift+Enter 组合键再输入一次试试,记得要选中单元格区域 B13:C18,如图 2-15 所示。

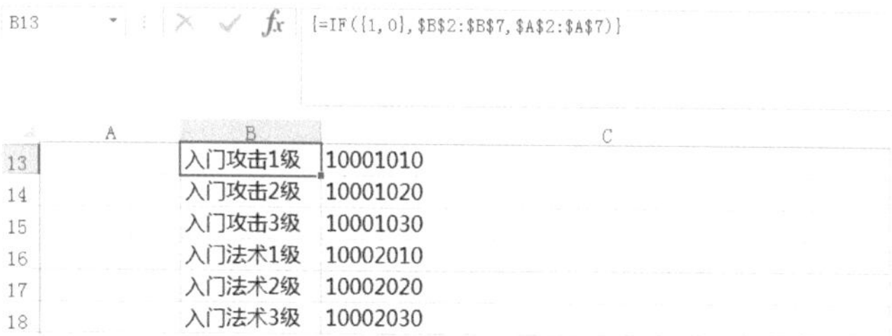

图 2-15

IF 函数中用数组作为第 1 个参数,这样也会产生一个数组,而产生数组的元素就看第 1 个参数中的值是 1 还是 0 了,1 代表 True 而 0 代表 False。{1,0}的第 1 个值为 1,所以产生数组的第 1 个值取自$B$2:$B$7,第 2 个值取自$A$2:$A$7,这样自然就生成了一个数组。

特别说明：公式求值功能非常重要，是我们排查、解析公式的主要手段，所以一定要熟练运用它。另外，一定要选中公式所在的单元格后再单击"公式求值"按钮。

2.2.2 一对多查询

在工作中，一对一查询应该是用得最多的，但有时我们也需要一对多查询，比如若想查询都在哪些地方消耗了绿宝石，这时可以通过 A13 单元格中的值进行查询，如图 2-16 所示。

	A	B	C	D	E	F	G	H
1	职业	进阶	材料1	数量1		辅助列1	辅助列2	序号
2	战士	1	绿宝石	2		1	1	1
3	战士	2	红宝石	4		0	1	2
4	战士	3	红宝石	6		0	1	3
5	法师	1	绿宝石	2		1	2	4
6	法师	2	绿宝石	4		1	3	
7	法师	3	红宝石	6		0	3	
8	刺客	1	蓝宝石	2		0	3	
9	刺客	2	蓝宝石	4		0	3	
10	刺客	3	蓝宝石	6		0	3	
11								
12	材料1	职业	进阶	数量1				
13	绿宝石	战士	1	2				
14		法师	1	2				
15		法师	2	4				
16		#N/A	#N/A	#N/A				
17	B13中的公式->	=INDEX(A2:A10,MATCH($H13,$G2:$G10,0))
18	B14中的公式->	=INDEX(A2:A10,MATCH($H14,$G2:$G10,1))
19	B15中的公式->	=INDEX(A2:A10,MATCH($H15,$G2:$G10,2))
20	B16中的公式->	=INDEX(A2:A10,MATCH($H16,$G2:$G10,3))

图 2-16

第 1 种解法用的是常规公式，大家理解起来会方便一些，但在运用中会显得略微复杂。

首先通过辅助列 1 获得哪些行是符合"绿宝石"这一查询条件的（比如，F2 单元格中的公式为 IF(C2=$A$13,1,0)，F2 单元格下面单元格中的公式以此类推），然后通过辅助列 2 使每一个符合查询条件的行都可以按序号查询，并且序号值在与自己重复的值中排序最靠前（G2 单元格中的公式为 SUM(F$2:F2)）。序号这一列都是纯数字，其中不包含公式。最终，通过 INDEX 函数对符合查询条件的行依次定位来获取结果。

第 2 种解法采用的是数组公式,公式本身较难理解,但整体相对简单,如图 2-17 所示。

图 2-17

下面来逐步理解这个数组公式,首先其中使用了 IF 函数的数组化功能,得到了符合条件的数组,如图 2-18 和图 2-19 所示。

图 2-18

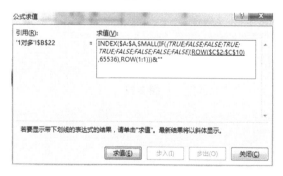

图 2-19

接下来是非常关键的一步,对于符合条件的 TRUE 值,我们希望可以将其更改为数值方式来表示(方便排序)。我们对之前数组的值进行了一次判断,将 TRUE 值变为对应的行号,而将 FALSE 值变为 65536(其实是一个足够大的值,在早期版本的 Excel 中行号最大值就是 2^{16},即 65536,这里沿用了这个值),如图 2-20 所示。

图 2-20

下面的几步操作相对好理解一些。我们通过 SMALL 函数找到这个数组中最小的值，然后用 INDEX 函数进行定位，就可以找到符合条件的值了，如图 2-21 和图 2-22 所示。公式最后的&""是将最终结果转化为文本格式的手段，如无须转化，将其去掉即可。

图 2-21

图 2-22

2.2.3 多对一查询

除了上面提及的一对一查询、一对多查询外，多对一查询也用得比较多（但在游戏数值中多对多查询的用途较少，并且通常可以通过前 3 种查询的相关公式进行推导来实现，感兴趣的读者可以自己查找相关资料进行学习）。

下面看一个例子，还是上一节的表格，这次我们希望查询战士在进阶 3 时所需的材料和材料数量。

在第 1 种解法中，我们用到了辅助列（A 列，插入的新列），直接在其中生成新的查询索引，辅助列将"职业"和"进阶"两个条件合二为一，然后在辅助列中查询到符合条件的值"战士 3"，进而可以获得战士在进阶 3 时所需的材料和材料数量，如图 2-23 所示。

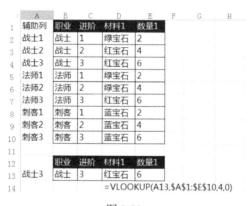

图 2-23

第 2 种解法用到了数组公式，其与一对一逆向查询的方法颇为相似，这里就不再赘述了，如图 2-24 所示。

图 2-24

2.2.4 交叉查询

在工作中,某些时候会遇到通过攻击类型和防御类型的匹配来计算伤害系数的情况,这时候就需要用到交叉查询了。比如,通过 A10 和 A12 单元格的值来查询 A14 单元格的值,如图 2-25 所示。

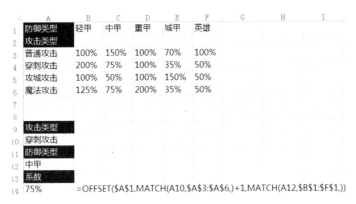

图 2-25

第 1 种解法运用了 OFFSET+MATCH 函数。先用 MATCH 函数进行行定位和列定位,如图 2-26 和图 2-27 所示。

图 2-26

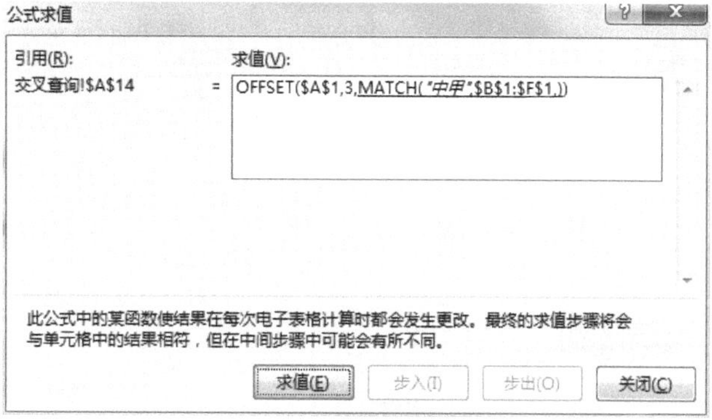

[图 2-27]

然后运用 OFFSET 函数,在单元格区域中定位到查询结果,如图 2-28 所示。

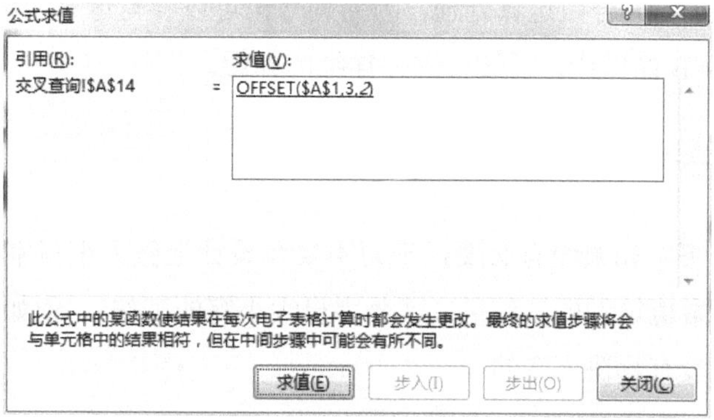

图 2-28

第 2 种解法运用了 INDIRECT+MATCH 函数,如图 2-29 所示。

=INDIRECT("r"&MATCH(A10,$A$3:$A$6,)+2&"c"&MATCH(A12,$B$1:$F$1,)+1,0)

图 2-29

第 2 种解法中运用 MATCH 函数的原理和第 1 种解法中的是一样的,不同的是接下来的步骤中运用了 INDIRECT 函数对地址的引用功能。公式求值最后的结果如图 2-30 所示。

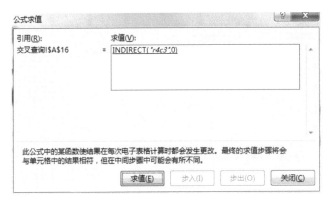

图 2-30

INDIRECT 函数对地址的引用用法是 R1C1 引用样式（将在 2.4.1 节介绍相关内容）的，这种方式更适合做运算处理，因为列号也可以参与运算。传统的 A1 引用样式无法运用 A+1=B 的操作，后续会进行详细的介绍。

2.2.5 区分字母大小写的查询

需要强调一下，如果没有必要，千万不要在设计上做大小写字母区分，因为这会在无形中增加数值策划的工作量（区分字母大小写的工作）。但如果真的遇到了这种情况，也不是没有解决方案的。

来看看下面的例子，其中就需要在实际的查询过程中区分字母大小写，因为 A1 和 a1 是两架不同的飞船（其实完全可以避免这种情况，改变命名规则，ID 就可以不一样）。如果使用 VLOOKUP 函数，那么会无法区分字母的大小写，此时就需要巧妙地运用 LOOKUP+EXACT 组合函数了，如图 2-31 所示。

	A	B	C	D	E	F
1	飞船型号	花费金币		飞船型号		
2	a1	100		A1	100	=VLOOKUP(D2,$A$1:$B$7,2,0)
3	a2	200			400	=LOOKUP(1,0/EXACT($A$2:$A$7,D2),B2:B7)
4	a3	300				
5	A1	400				
6	A2	500				
7	A3	600				

图 2-31

在这里,首先运用了 EXACT 函数的对比功能,而这个功能是区分字母大小写的。然后会得到一个数组,符合条件的值为 TRUE,不符合条件的值为 FALSE,如图 2-32 和图 2-33 所示。

图 2-32

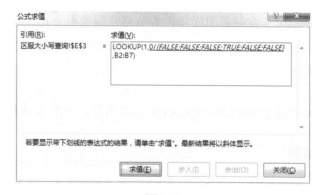

图 2-33

接下来就是比较巧妙的地方了。我们用 0 作为分子,数组中的值作为分母,来计算新的数组。由于 FALSE 在运算中对应的是 0,所以它的值就变为#DIV/0!错误值(这是 Excel 对报错信息的一种提示,#DIV/0!表示有 0 作为分母)。而 TRUE 在运算中对应的是 1,所以它的值会变为 0/1=0,如图 2-34 所示。

图 2-34

最后，利用 LOOKUP 函数查询到最终结果（LOOKUP 函数可用于查询数组）。

2.2.6 去除重复值

去除重复值是一个非常普通的操作，本节将介绍使用公式去除重复值，而关于 Excel 自带的去除重复值功能，读者可以查找相关资料进行学习。在实际工作中，公式解法和 Excel 的自带功能各有利弊，可以酌情使用。

第 1 种解法用的是 LOOKUP+COUNTIF 组合函数，如图 2-35 所示。

图 2-35

这种解法理解起来略有难度。首先用 COUNTIF 函数进行一次去除重复值判断，判断目前出现的 ID 是否已经在列表中出现过。若该 ID 已经在列表中出现过，则在数组中将其变为 1，这样就变相地实现了去除重复值。下面选中 C10 单元格来进行公式求值，如图 2-36 和图 2-37 所示。

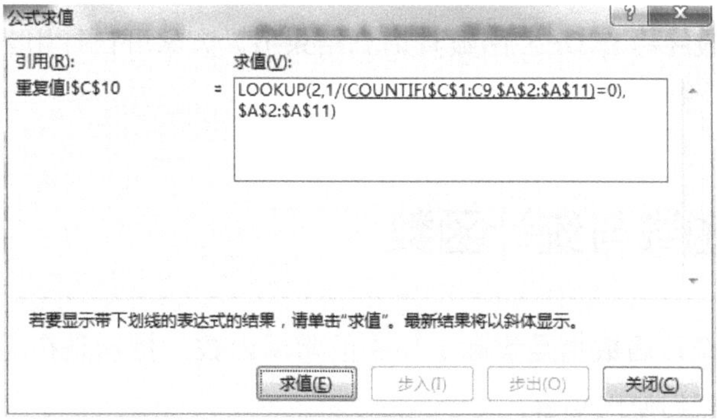

图 2-36

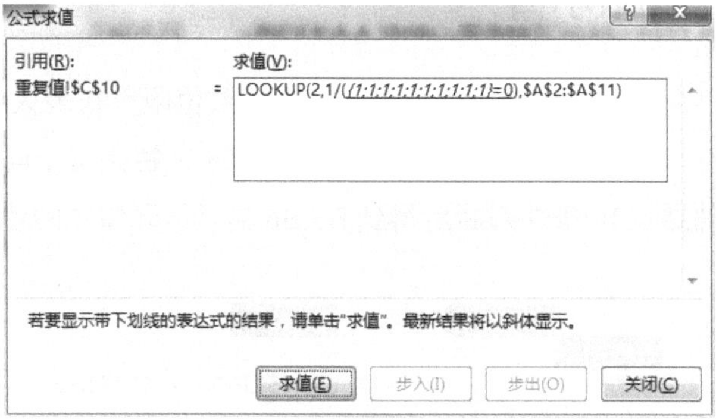

图 2-37

然后通过 LOOKUP 函数查询到结果值。

第 2 种解法用的是数组公式，其思路与一对多查询的思路类似，如图 2-38 所示。

12	ID编号		
13	FAD123	FAD123	=INDEX(A:A,SMALL(IF(MATCH(A$2:A$11,A$2:A$11,0)=ROW($1:$10),ROW($2:$11),4^8),ROW(A1)))&""
14	ADB2312	ADB2312	
15	ASDF2412	ASDF2412	
16	YETY563	YETY563	
17	JTWTR32	JTWTR32	
18	ADB2312	SYF213	
19	YETY563	SBZ003	
20	SYF213	SBL001	
21	SBZ003		
22	SBL001		

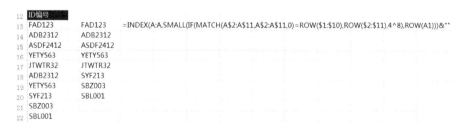

图 2-38

首先运用 MATCH 函数生成了一个数组，然后用 IF 函数判断数组中的值是否与行号匹配，符合条件的数值等于行号，若不符合条件，则为其赋值 4^8，接着用 SMALL

函数进行排序，最终用 INDEX 函数查询到结果值。大家可自行用公式求值功能进行解析。

2.3 数学函数与统计函数

数学函数与统计函数也是实际工作中的常用函数，特别是在运算模拟、公式验证和数据分析中它们使用频繁。

2.3.1 最大值和最小值

我们经常会遇到这样的问题——希望将输出的数值限制在最大值和最小值之间。而在一般的情况下，通常会使用 IF 函数进行多次判断来解决这个问题。比如，A3:A6 单元格区域中的值通过 IF 条件判断后得到 B3:B6 单元格区域中的值，如图 2-39 所示。

图 2-39

除此之外，还可以用 MIN+MAX 组合函数来解决这个问题。思路比较容易理解，在 MAX 函数中放入最小值参数，在 MIN 函数中放入最大值参数。当通过 MAX 函数判断最大值时，因为存在最小值参数，所以无论你的数值多么小，最终输出的肯定是最小值参数值，因为它比你的数值大（你的数值太小了）。而 MIN 函数的操作刚好相反。

在实际工作中，以上两种方式都可以解决问题，希望大家可以养成良好的逻辑思维能力。

2.3.2 数列

我们经常会遇到一种情况，那就是希望生成一个特定的数列，比如等比或等差数列，此外还有一种用得较多的数列，那就是带有一定规律的循环数列。下面介绍两种常用数列。

第 1 种数列是由商数的整数部分组成的数列。这种数列常常作为递增常量参与实际的运算，大家可以在表格中修改 E1 单元格中的步长值来观察数据的变化情况。A 列为原始数列，B 列为经过公式计算后得到的数列，如图 2-40 所示。

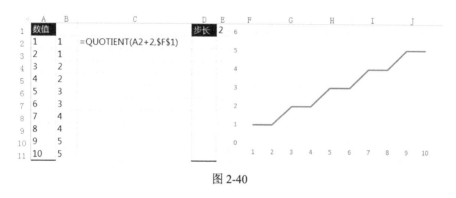

图 2-40

第 2 种数列是由两个数值表达式做除法运算后的余数部分组成的数列。这种数列常常用于参数填充，比如在某类型武器编号结束之后，又开始新的类型武器编号，如图 2-41 所示。

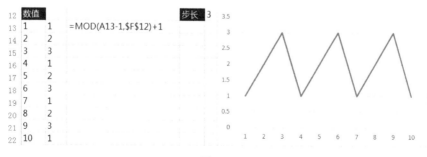

图 2-41

2.3.3 不重复排名

针对传统的排名问题，可以使用 RANK 函数来直接解决，但是 RANK 函数无法实现无并列排名，即不重复排名。下面使用的是用 C 列作为辅助列，将 COUNTIF 函数作为辅助函数来解决不重复排名问题。

下面进行举例说明。A 列是需要统计的分数，首先在 B 列中使用 RANK 函数对这些分数进行一次排名。可以看到，前两个人的分数相同，所以在 RANK 函数排名后，他们的名次也是一样的。然后使用 COUNTIF 函数在 C 列进行判断，在每次统计到与上一个值重复的值的时候，就会将排名+1，最终实现不重复排名。具体的公式如图 2-42 所示。

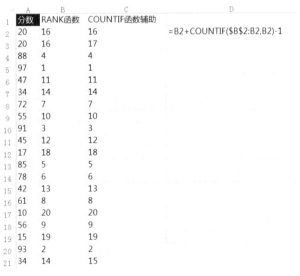

图 2-42

2.3.4 档位划分

在实际工作中，时常会遇到档位划分问题，很多人都使用 VLOOKUP 函数来解决这个问题，其实用 LOOKUP 函数会更方便一些，如图 2-43 所示。

图 2-43

我们希望根据 A 列单元格的值来划分相应的档位,并将相应的档位填入 B 列单元格中。档位规则如下:大于或等于 500 且小于 1000 的评分对应低档位;大于或等于 1000 且小于 5000 的评分对应中档位;大于或等于 5000 且小于 9999 的评分对应高档位;大于或等于 9999 的评分对应超强档位。

可以看到,通过 LOOKUP 函数来实现上述要求是符合预期的,但小于 500 的评分由于没有匹配到对应的档位,所以显示为错误值,这其实是因为我们没有定义小于 500 评分的档位导致的。大家在实际操作中一定要考虑取值范围,以免出现错误值(也可以添加额外的档位来控制下限取值档位)。

2.3.5 频度统计

频度统计在数据统计中的用途非常广泛,也极具代表性,下面就来解析频度统计,如图 2-44 所示。

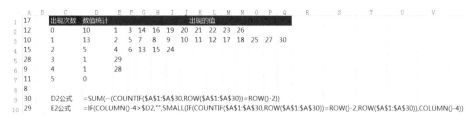

图 2-44

A 列中有 30 个随机数(图 2-44 中只显示了前 10 个随机数),这些随机数都是 1 和 30 之间的正整数。我们希望统计出这 30 个随机数中每个数字的出现次数。

首先在 D2 单元格中求出出现次数为 0 的随机数有多少个。此处通过 COUNTIF 函数计算了 1~30 分别在随机数中出现了几次,并得到了 1~30 出现次数的数组,如

图 2-45 和图 2-46 所示。

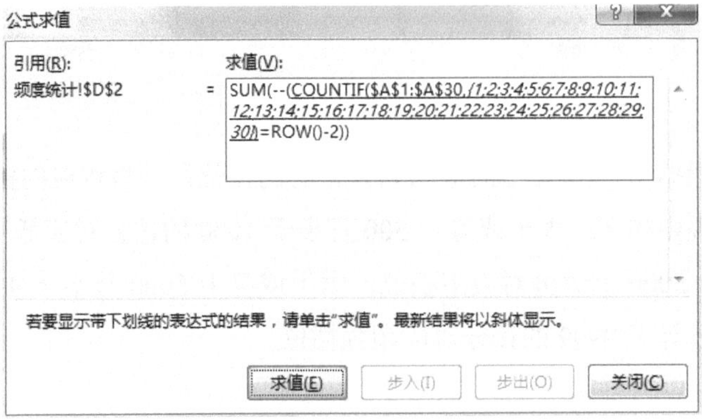

图 2-45

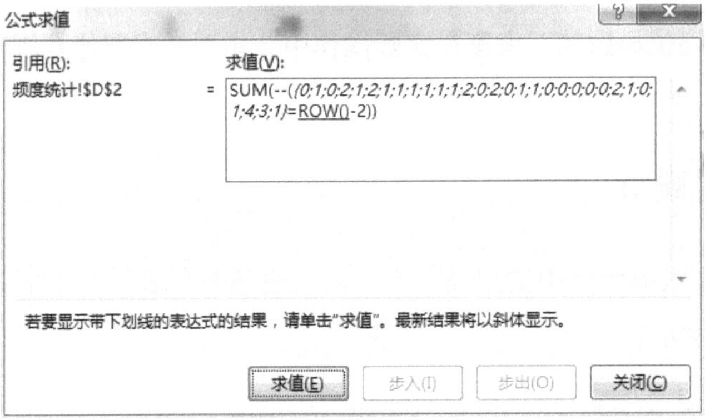

图 2-46

然后将不符合 ROW()-2 条件的数变为 FALSE（这样在求和的时候这个值为 0），而将符合条件的数变为 TRUE，最后求和计算后就得到了出现次数为 0 的数有多少个。此处使用 ROW()-2 作为判断条件是为了方便直接下拉填充公式（当统计出现次数为 1 的随机数有多少个时，就可以直接将 D2 单元格中的公式下拉到 D3 单元格中）。

最后如果希望得到出现次数对应的数值，那么可以在 E2 单元格中使用数组公式：

=IF(COLUMN()-4>$D2,"",SMALL(IF(COUNTIF($A$1:$A$30,ROW($A$1:$A$30))
=ROW()-2,ROW($A$1:$A$30)),COLUMN()-4))

2.4 引用函数

本节将介绍 R1C1 引用样式与 A1 引用样式，以及如何定位最后的非空单元格，这些内容都属于引用函数的范畴。

2.4.1 R1C1 引用样式与 A1 引用样式

R1C1 引用样式对与位于宏内的行和列有关的计算很有用。在 R1C1 引用样式中，Excel 指出了行号在 R 后而列号在 C 后的单元格的位置。

（1）当前单元格为 RC，正为右和下，负为左和上。

（2）A1 引用样式中的书写格式是先列后行，R1C1 引用样式中的书写格式是先行后列。

为了方便大家理解，下面列举了一些例子，如图 2-47 和图 2-48 所示。

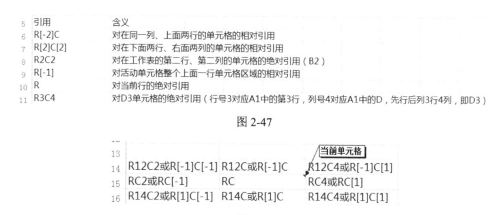

图 2-47

图 2-48

可能有人觉得 R1C1 引用样式理解起来有些困难，其实在实际工作中会用 A1 引用样式足以。

2.4.2 定位最后的非空单元格

在工作中，当你面对大量数据的时候，时常会有这样的需求：你希望定位到数据最后一行的位置或获取相关数值。在数据连续的情况下，应该可以很容易地解决这个问题。但是如果数据中间有空格，这时应该怎么办呢？下面分两种情况来看看。第 1 种是数值格式，第 2 种是文本格式。

先看看数值格式，如图 2-49 所示。

图 2-49

上面灵活运用了 MATCH 函数的查询特性。当 MATCH 函数找不到对应的值，并且第 3 个参数等于 0 时，它会返回单元格区域中最后一个值的位置。这时就要注意了，你在求数值的时候，只含空格的单元格会被认为是空单元格。大家可以尝试在 A13 单元格中输入一些空格来看看结果（这与后面将介绍的文本格式不同）。LOOKUP 函数也是这样（其实通过 MATCH 函数定位，再用 INDEX 函数进行区域定位引用也可以），在此就不赘述了。

下面再来看看文本格式，如图 2-50 所示。

文本	文本查找
五杀	位置
GOOD	11
	=MATCH(CHAR(1),D:D,-1)
check	
查找	
asdfg	
Find	
加群:390662029	

图 2-50

与上面讲的差不多，只是换成了文本格式，需要查询的是最小的字符。这时在 D12 单元格中输入几个空格，E3 单元格中的值就会变为 12，因为在文本格式中，空格不是没有，它是一种字符。

2.5 宏表函数

宏表函数是早期低版本 Excel 中的功能，现在已由 VBA 实现了同样的功能，但仍可以在**工作表**中使用宏表函数，不过要特别注意不能直接在**单元格**中使用，而只能在名称管理器中使用这一功能。另外，一些宏表函数使用后不会自动改变。

宏表函数一般用于处理普通 Excel 函数解决不了的问题，它是一种介于函数和 VBA 功能之间的功能性函数。

2.5.1 工作表名称列表

当一个项目进行到后期时，经常会发现一个 Excel 文件中有很多工作表，想在这些工作表中找到自己想要编辑的工作表，真不是一件容易的事情。这时不妨试试工作表名称列表功能，它可以将所有工作表以列表的形式展现出来，并可以通过超链接快速跳转到指定的工作表，如图 2-51 所示。

图 2-51

图 2-51 中的公式用到了 3 个自定义名称,下面先来讲解这 3 个名称,然后继续看这个公式,公式本身还是非常好理解的。

自定义名称如图 2-52 所示。

图 2-52

其中,WorkBook=GET.WORKBOOK(1)表示获取当前 Excel 文件的完整内部名称;WorkBooks=GET.WORKBOOK(4)表示获取当前 Excel 文件中工作表的总数;SheetName= MID(INDEX(WorkBook,ROW()),LEN(GET.CELL(66))+3,100)&T(NOW())表示从 WorkBook 中提取对外显示的名称。

前面两个自定义名称就不做解释了,属于函数本身的功能。下面来解释一下 MID(INDEX(WorkBook,ROW()),LEN(GET.CELL(66))+3,100)&T(NOW())的运算流程。这个公式分为两部分:MID 函数和 T(NOW())函数。

第 1 部分中 MID 函数的第 1 个参数表示指定文本,这个值是通过 INDEX(WorkBook, ROW())求得的,即将 Excel 文件中的所有工作表名称列出来,通过 ROW 函数来获取对应的工作表名称(使用 ROW 函数是为了方便后续下拉填充公式)。

MID 函数的第 2 个参数表示从哪个字符的位置开始计算。LEN(GET.CELL(66))+3

中的 GET.CELL(66)表示工作表名称，然后用 LEN 函数求出文本的总长度。下面看看两个公式的对比，可以加深大家的理解，如图 2-53 所示。

```
GET.CELL(66)->         5.Excel函数_宏表函数(4个).xlsb
GET.WORKBOOK(1)        [5.Excel函数_宏表函数(4个).xlsb]工作表名称列表
```

图 2-53

然后体会一下+3 的含义。因为多了两个中括号，加上要从自身算起，所以 MID 函数的第 2 个参数其实是从**[5.Excel 函数_宏表函数(4 个).xlsb]工作表名称列表**中的"工"开始的。

最后第 3 个参数 100 比较容易理解，即取多少个字符。

第 2 部分的 T(NOW())用得非常好，可以解决易失性函数的问题（易失性函数是指使用这些函数后会引发重新计算工作表）。

在理解了 SheetName 的运算流程后，再来看看整个公式：

IF(ROW()>WorkBooks,"",HYPERLINK("#'"&SheetName&"'!a1",SheetName))

它将判断如果行数没有超过工作表总数，那么就显示一个超链接，超链接的名称和实际地址都是通过 SheetName 求得的工作表的对外显示名称；但如果行数超过了工作表总数，那么其显示为空。

额外提示，这里会统计含隐藏工作表的所有工作表，因为对于系统来说，它能"看到"隐藏的工作表，千万要注意，不要因疏忽而泄露了"秘密"。

2.5.2 取单元格属性值

本节介绍的是 GET.CELL 函数。这个函数的功能非常强大，下面给出一个通过 GET.CELL 函数获取单元格前景色和背景色的例子，如图 2-54 所示。

图 2-54

GET.CELL 函数用于获取指定单元格或单元格区域的属性值，其格式为 GET.CELL(类型值，引用区域)。其执行过程本身不涉及复杂的逻辑，大家可以对照下面的参数说明来使用该函数。需要注意，当类型值为不同值时，对应的含义也不一样。

1：引用区域中左上方单元格的绝对地址，引用样式由 Excel 参数决定，等同于 CELL("address")和 CELL("address",REF)。

2：引用区域中最上方单元格的行号，等同于 CELL("row")、CELL("row",REF)或 ROW(REF)。

3：引用区域中最左边的单元格行号，等同于 CELL("col")、CELL("col",REF)或 COLUMN(REF)。

4：返回数据类型（1 代表数值或空单元格，2 代表文本，4 代表逻辑值，16 代表错误值，64 代表数组）。

5：引用内容，即 "=单元格地址"，等同于 CELL("contents")和 CELL("contents",REF)。

6：返回公式或值。如果单元格不含公式，则与 5 相同。公式中的引用样式与 Excel 的设定相同，而宏表函数 GET.FORMULA 则必然会采用 R1C1 引用样式。

7：文字显示参照单元格的数字格式，如[$-F400]h:mm:ss AM/PM 或# ?/? 。

8：返回水平对齐方式编号（1 代表常规，2 代表靠左[缩进]，3 代表居中，4 代表靠右[缩进]，5代表填充，6代表两端对齐，7代表跨列居中，8代表分散对齐[缩进])。

9：返回单元格左侧边框线的类型（0代表无，1代表细线，2代表中等线，3代表虚线，4代表点线，5代表粗线，6代表双线，7代表发丝线，8代表中等虚线，9代表点画线，10代表中等点画线，11代表双点画线，12代表中等双点画线，13代表花式线）。

10：返回单元格右侧边框线的类型，对应返回结果的描述同9。

11：返回单元格顶端边框线的类型，对应返回结果的描述同9。

12：返回单元格底端边框线的类型，对应返回结果的描述同9。

13：返回单元格填充图案样式编码数字（0代表无，1代表实心，2代表50%灰色，3代表75%灰色，4代表25%灰色，5代表水平条纹，6代表垂直条纹，7代表逆对角线条纹，8代表对角线条纹，9代表对角线剖面线，10代表粗对角线剖面线，11代表细水平条纹，12代表细垂直条纹，13代表细逆对角线条纹，14代表细对角线条纹，15代表细水平剖面线，16代表细对角线剖面线，17代表12.5%灰色，18代表6.25%灰色）。

14：返回锁定状态（TRUE代表锁定，FALSE代表未锁定）。

15：返回保护工作表时是否隐藏公式（TRUE代表隐藏，FALSE代表未隐藏）。

16：返回列宽。

17：返回行高。

18：返回首字符的字体名称。

19：返回首字符的字体磅值。

20：返回首字符的粗体状态，结果为 TRUE 或 FALSE。

21：返回首字符的斜体状态，结果为 TRUE 或 FALSE。

22：返回首字符的单下画线状态，单下画线返回 TRUE，其他类型下画线返回 FALSE。

23：返回首字符的删除线状态，结果为 TRUE 或 FALSE。

24：1 和 56 之间的一个数字，代表单元格中首字符的字体颜色编号。如果字体颜色为自动生成的，则返回 0。

25：返回首字符的空心状态，在 Mac、Windows 操作系统下无实际显示效果，但是保留设定。

26：返回首字符的阴影状态，在 Mac、Windows 操作系统下无实际显示效果，但是保留设定。

27：返回手动分页状态（0 代表无，1 代表上方，2 代表左侧，3 代表左侧和上方）。

28：返回行的级数（分级显示）。

29：返回列的级数（分级显示）。

30：返回所包含的活动单元格是否位于分级列表的汇总行，结果为 TRUE 或 FALSE。

31：返回所包含的活动单元格是否位于分级列表的汇总列，结果为 TRUE 或 FALSE。

32：返回 "[book1.xlsm]Sheet1" 形式的工作表名称，效果与宏表函数

Get.Document(1)相同。而其与 CELL("filename",ERF)的区别是，后者包括完整路径，使用 GET.CELL 宏表函数得到的结果不包括路径。

33：返回自动换行状态，结果为 TRUE 或 FALSE。

34：1 和 16 之间的一个数字，代表左侧边框线颜色。

35：1 和 16 之间的一个数字，代表右侧边框线颜色。

36：1 和 16 之间的一个数字，代表顶端边框线颜色。

37：1 和 16 之间的一个数字，代表底端边框线颜色。

38：当图案为实心时，返回单元格的图案背景色编号；其他时候返回图案前景色编号。

39：当图案为实心时，返回单元格的图案前景色编号；其他时候返回图案背景色编号。

40：返回样式名称。

41：不经过翻译就返回单元格的公式。某些语言版本的 Excel 函数名称与英文版中的不同，注意与参数 6 的区别。

42：返回单元格左边界相对窗口左边界的偏移值。

43：返回单元格上边界相对窗口上边界的偏移值。

44：返回单元格右边界相对窗口左边界的偏移值。

45：返回单元格下边界相对窗口上边界的偏移值。

46：如果单元格包含批注，返回 TRUE，否则返回 FALSE。

47：返回是否包含声音批注，自 Excel 97 版本开始这个功能被取消。

48：如果单元格包含公式，返回 TRUE，否则返回 FALSE。

49：如果单元格包含数组公式，返回 TRUE，否则返回 FALSE。

50：返回垂直对齐方式，即单元格格式中垂直对齐下拉列表中的序号（1 代表靠上，2 代表居中，3 代表靠下，4 代表两端对齐，5 代表分散对齐）。

51：返回文字方向（0 代表水平，1 代表垂直，2 代表向上［90°］，3 代表向下［-90°］，4 代表其他）。

52：返回单元格前缀字符或对齐方式。若"Lotus 1-2-3 常用键"功能关闭，则只有'（撇号）这一种前缀，也就是强制文本类型；若"Lotus 1-2-3 常用键"功能打开，则有 3 种前缀：^表示居中，"（引号）表示靠右，其他都是'（撇号）。

53：返回文本类型的单元格的实际显示值。对于用单元格数字格式设置所定义的结果及因容量限制而形成的#####等都会照实返回。但不能识别自动换行，不会在相应位置添加换行符。

54：返回包含活动单元格的数据透视表名。若活动单元格不在数据透视表中，则返回#N/A。

55：返回 0 和 8 之间的数字，代表活动单元格在数据透视表中的位置。活动单元格不在数据透视表中，则返回#N/A。

56：在数据透视表视图中返回包含活动单元格引用的字段名称。

57：返回首字符的上标状态，结果为 TRUE 或 FALSE。

58：返回首字符的字形，如常规、倾斜、加粗等。

59：返回首字符的下画线类型（1 代表无，2 代表单下画线，3 代表双下画线，4 代表会计用单下画线，5 代表会计用双下画线）。

60：返回首字符的下标状态，结果为 TRUE 或 FALSE。

61：返回活动单元格在数据透视表中的项目名。若活动单元格不在数据透视表中，则返回#N/A。

62：返回带工作簿名称的工作表名。

63：返回单元格的填充（背景）颜色。

64：返回单元格的图案（前景）颜色。

65：返回两端分散对齐状态。

66：返回工作簿名称。

2.5.3　EVALUATE 函数用法

EVALUATE 是一个很有趣的函数。在实际工作中，有人喜欢用它，有人根本就不会用它。由于它的独特性，所以本节将重点介绍它的用法：

EVALUATE(formula_text)

formula_text 参数是一个要求值以文字形式表示的表达式。

注意：使用 EVALUATE 函数，类似于在编辑栏的公式内选定一个表达式并按下"重新计算"按钮（在 Microsoft Excel for Windows 中，这个按钮的快捷键是 F9 键）。EVALUATE 函数会用一个值来代替一个表达式。

简单点说，EVALUATE 函数可以把文本转化为公式来进行直接计算，如图 2-55

所示。

图 2-55

在图 2-55 中，我们在 A2 单元格中用文本形式写了一个公式，这个公式无法直接参与计算，但用 EVALUATE 函数将其转换后，它就会变成真正的公式。

2.6 其他函数

在本节中，将通过案例讲解除前面所述的函数之外的函数。

2.6.1 字符的出现次数

在实际工作中，有时会遇到需要统计某一字符出现次数的问题，如图 2-56 所示。

图 2-56

下面会列举多种需求，我们来逐个分析。

第 1 个公式是求单个字符"好"的出现次数。求解思路是，先求出总的字符长度，然后用一个函数将原来的字符"好"替换为空，接着求出替换后的字符长度，最后总的字符长度与替换后的字符长度相减就得到了字符"好"的出现次数。如果这么解释你不太明白，可以用公式求值功能自己查看一下。

第 2 个公式是求两（多）个字符"你好"的出现次数。求解思路与第 1 个公式的相近，只不过在计算最终结果的时候，要除以字符"你好"本身的字符长度。

第 3 个公式和第 1 个公式几乎是一样的，只是字符是英文字符，所以不再赘述。

第 4 个公式的大致求解思路也是一样的，不同点在于它使用了两次 SUBSTITUTE 函数，分别替换字符"A"和"a"。

第 5 个和第 6 个公式大同小异，先对文本中的字母进行大小写处理（UPPER 函数会将文本中的所有字母都转换为大写字母，而 LOWER 函数则会将文本中的所有字母都转换为小写字母），然后替换字符"A"或"a"，最后求值。

2.6.2 数值提取

数值提取是数值策划日常工作中一个很常见的问题，很多人对此都苦恼不已（数据真的太多了）。早年我还曾见过有同事一个一个手动提取数值，如果数值变更频繁、数据量大，那么手动提取数值是不现实的，这时若能编写程序帮忙处理最好。

这个问题最关键的点在于数据是否有规律性，有规律的数据会好处理很多。下面举一个无规律数据的例子来进行说明，如图 2-57 所示。

	A	B	C
1	字符	提取之后	公式
2	10101;dg	10101	=LOOKUP(9E+307,--MID($A2,MIN(FIND({0,1,2,3,4,5,6,7,8,9},A2&"0123456789")),ROW(INDIRECT("1:"&LEN(A2)))))
3	100102;fasd	100102	
4	1000103;jcvdsa	1000103	
5	100104sdfg	100104	
6	10105实打实	10105	
7	101dfag501	101	<-有隐患
8			

图 2-57

图 2-57 中的公式非常奇特，前面章节介绍的函数都比较主流，而这个公式可以开拓大家的思路。该公式主体采用 LOOKUP 函数进行查询（类似的案例前面有涉及），下面主要看看 LOOKUP 函数的第 2 个参数。

思路是这样的，我们将文本和数字 0123456789 合并，再用 FIND 函数进行一次查询，这样分别找出了 0~9 中各数字出现的位置值，然后从这些数字的位置值中取其中最小的位置值（即最先出现的数字），如图 2-58 所示。

图 2-58

图 2-59 是计算 FIND 函数后,进入了 MIN 函数排序阶段。图 2-60 显示了 MIN 函数完成计算后的结果。

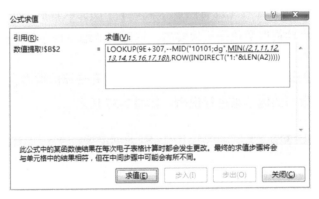

图 2-59

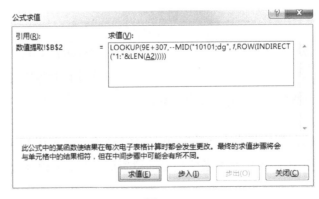

图 2-60

这其中有一个比较复杂的思路，公式中利用数组的方式，依次列出了整个文本的前 n 个字符（n 为 1 到文本总长度）。将图 2-60 中的步骤运算 6 次后得到如图 2-61 所示的结果。

图 2-61

到这里应该就能明白整个运算过程了。细心的读者是不是已经发现问题了？是的，这个公式求的是连续区间第一个出现的数值集合，若后续再出现数值，这个公式将无法获得。

任何公式都不是万能的，大家在运用公式的过程中一定要知道自己公式的"弱点"。如果不能解决所有可能出现的情况，那么就需要我们仔细地考虑公式的包容性。

2.6.3 分级累进求和

下面再举一个与游戏运营相关的例子。在玩家充值之后，运营人员希望根据充值金额来对玩家应用不同的返钻比例。他们希望你可以帮忙设计一个计算公式，如图 2-62 所示。

	A	B	C	D	E	F	G	H	I	J
1	下限	上限	返钻比例	区间	递增比例		充值数	返钻石数量	公式
2	0	2000	0.05	0	0.05		2000	100		=SUMPRODUCT(TEXT(H2-E2:E8,"0;!0")*F2:F8)
3	2001	5000	0.08	2000	0.03					
4	5001	10000	0.1	5000	0.02					
5	10001	20000	0.12	10000	0.02					
6	20001	50000	0.15	20000	0.03					
7	50001	100000	0.18	50000	0.03					
8				100000	0					

图 2-62

在其中需要根据 H2 单元格中的值和左侧 A2:C7 单元格区域中的规则来计算应该返还的钻石数量。这里的规则是递进式的，比如你充值 4000 元，那么 0~2000 元的部分以 0.05 的比例来返还钻石，即返还 100 颗钻石，而 2000 元以上的部分则按 0.08 的比例来返还钻石，即返还 160 颗钻石，最后累计返还 260 颗钻石。

设计这个公式的思路是，分别求各个区间的提成值，然后加上增量的提成值。我们将规则按区间递增显示，并将结果整理到 E2:F8 单元格区域中。

0~2000 元返还比例为 0.05。

2001~5000 元返还比例为 0.08。

所以增量为 0.08−0.05=0.03，后续区间同理，最终对于超过 100 000 元的部分，我们认为其返钻比例为 0.18，没有递增值。

再来看看设计的公式：

SUMPRODUCT(TEXT(H2-E2:E8,"0;!0")*F2:F8)

首先，将充值数与区间上限值相减，这样获得了一个数组，它表示充值数超出各区间的数值为多少，如图 2-63 和图 2-64 所示。

图 2-63

图 2-64

这时会出现一个问题,当充值数不是非常大的时候,经过计算会出现负数,这时应该将负数变为 0,这样后续用 SUMPRODUCT 函数时就不会出现问题了。在本例中就巧妙地运用了 TEXT 函数,它完美地将负数转化为了 0,如图 2-65 所示。

图 2-65

最后,计算乘积之和并得到最终结果。

关于本章再说几句:

公式是数值策划工作中解决问题的利器,但很多人在工作中追求设计最优公式,这点我不太认同,毕竟我们的目标是研发游戏,而不是设计不同需求下的最优公式,在大部分情况下只要公式满足要求即可。不过设计公式可以很好地锻炼数值策划的逻辑思维,希望大家能把握好其中的尺度。

第 3 章
MMORPG 经济系统的设计

梅耶·罗斯柴尔德曾经说过:"只要我能控制一个国家的货币发行,我就不在乎谁制定了法律。"我当年也有过类似的愿景:"只要我能掌控游戏中的经济系统,我就不在乎谁来主导游戏设计。"

在真实的世界中,经济系统的重要性不言而喻,其在生活的方方面面无时无刻不影响着我们。而对于游戏来说,经济系统也是重中之重。良好的经济系统可以确保游戏在相当长的一段时间内平稳运行并拥有更好的可控性和拓展性。

3.1 经济系统概述

游戏的经济系统可以说是一个非常复杂的系统,它不是一个单独的系统,而更像是一种生态系统,所以在设计时要慎重、仔细思考。

对于游戏经济系统来说,有 4 个重要环节,即生产、积累、交易、消耗,大部分游戏行为都可以归入其中。

3.1.1 生产

注意,这里所说的生产,本质上还算是玩家自身与游戏系统间的交互,并不涉及与其他玩家的交互(与其他玩家的交互算作交易)。

生产环节主要有两个要素,分别介绍如下。

(1) 真实生活资源投入

真实生活资源投入指的是时间和金钱的投入。从严格意义上说，每个游戏系统都需要投入时间，但我们一般会将立刻可以产生结果的系统视为没有时间消耗的。比如，游戏中的强化系统，只要在资源充足的情况下，强化行为都是在一瞬间就可以完成的（可能有少数游戏不是这么设计的，但本书只涉及大部分情况），这种时间消耗几乎是可以忽略不计的。所以这一要素在某些系统中可以为空。

(2) 游戏系统的转换

游戏系统在生产中承担了更多的转换功能，即将一种资源或多种资源转换为其他资源。需要说明一点，游戏系统的转换可以是真实生活资源投入产出游戏资源，也可以是游戏资源投入产出游戏资源。

比如，对于任务系统来说，玩家投入了时间，产出了经验（任务奖励的是经验，积累了足够多的经验才能提升等级，所以不能算作任务直接产出等级，没有哪款游戏是完成任务后直接升级的）、道具等资源，图形化的表示如图 3-1 所示。

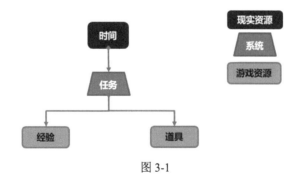

图 3-1

图 3-1 是非常简单的单系统资源流向图，读者可自行分析一些游戏系统的资源流向图，并尝试将它们最终拼在一起，这是一种非常有效的可以锻炼自己分析和设计经济系统能力的方法。

3.1.2 积累

积累可分为可交易积累和不可交易积累，是可交易积累还是不可交易积累主要由游戏设计决定。

不可交易积累包括经验、等级、人物属性、技能等，这些都是与玩家角色绑定的，不能单独拿出一项来进行交易，除非通过交易游戏账号进行交易。

可交易积累包括装备、道具等（现在游戏中可交易的东西越来越少了）。

3.1.3 交易

交易系统对游戏经济系统的影响是巨大的。一个可交易的游戏和一个不可交易的游戏在设计上有着本质的区别。交易系统是 MMORPG 中玩家互动的重要组成部分。通常只有在获得了一定的积累之后，玩家才会对交易产生需求。交易系统由于其重要性，后面会单独进行讲解。

3.1.4 消耗

消耗系统可分为交换消耗和日常消耗。

交换消耗是指玩家在消耗资源的同时也会获得其他资源，资源并没有凭空消失，而是转换为其他资源。比如，对装备进行强化，玩家在消耗宝石后获得了装备属性的提升。

日常消耗则是指玩家在消耗资源后，并没有获得其他资源。比如，对于曾经出现在游戏中的装备维修费，玩家必须花费一定的游戏币来维持装备的耐久度，但实际上消耗资源后并没有获得任何资源。这种体验是非常不友好的，随着游戏行业慢慢发展，这种设计几乎难寻踪影了。

3.2 经验相关设计

经验本身是游戏的核心资源，它与角色等级直接挂钩，在 MMORPG 中角色等级是玩家追求的第一成长要素，所以经验在游戏中的地位不言而喻，甚至有些游戏的经验值还可以用于升级技能。在设计经验公式和投放经验时要非常慎重，因为玩家对设计带来的不公平非常敏感，稍有不慎就可能导致玩家大规模流失。

3.2.1 经验值相关设计

下面将介绍经验值相关设计，主要介绍游戏角色升级所需经验值的设计、任务相关经验值的设计。

1. 游戏角色升级所需经验值的设计

很多人都会问这样的问题，如何设计游戏角色升级所需的经验值。下面给大家介绍 3 款游戏的升级数据（它们是早些年真实游戏的数据，其中横坐标代表玩家角色等级，纵坐标代表升级所需的经验值），如图 3-2 所示。

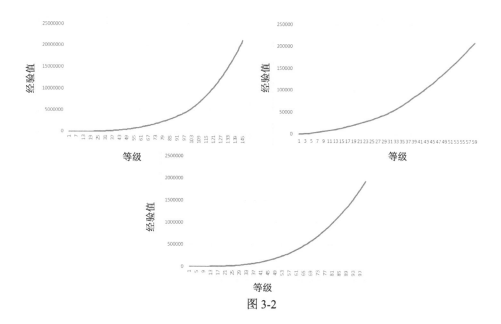

图 3-2

从图 3-2 中可以发现，虽然这 3 款游戏升级所需经验值的量级有很大的差异，但是在升级曲线上却有着惊人的相似之处。首先前期升级所需经验值较少，增长也较慢；其次在玩家度过新手期后，经验值增长幅度就有了明显的提升。这些是通过观测得出的结论。

如果要从零开始设计一款游戏的升级经验值，应该如何着手？我想要强调的是，千万不要被经验值的具体数字所迷惑，我们最终要控制的实际上是玩家升级所需的时间，而并不是经验值本身。换句话说，玩家最终关心的是杀多少只怪物可以升级，完成多少个任务可以升级（最终变为用时间来衡量），而不是升一级需要多少经验值。仔细回想一下，你自己玩游戏时，是不是也有相同的想法？

我在做升级所需经验值的设计时，会先设计每次升级需要击杀怪物（下面简写为杀怪）的数量，然后根据单个杀怪时间（杀怪时间就是在战斗模块中击杀相应等级怪物所需的时间）计算出纯杀怪（只通过杀怪这一个途径获取经验值，有时游戏中会有别的途径可以获取经验值）所需的升级时间，如图 3-3 所示。

	A	B	C	D	E	F	G	H
1	等级	杀怪数量	杀怪时间(s)	单级时间(h)	总时间	怪物经验	单级经验	升级累积经验
2	1	10	10	0.0278	0.0278	100	1000	1000
3	2	11	10	0.0306	0.0584	105	1155	2155
4	3	16	10	0.0444	0.1028	110	1760	3915
5	4	26	10	0.0722	0.175	115	2990	6905
6	5	44	10	0.1222	0.2972	120	5280	12185
7	6	71	10	0.1972	0.4944	125	8875	21060
8	7	106	10	0.2944	0.7888	130	13780	34840
9	8	153	10	0.425	1.2138	135	20655	55495
10	9	211	10	0.5861	1.7999	140	29540	85035
11	10	281	10	0.7806	2.5805	145	40745	125780
12	11	365	10	1.0139	3.5944	150	54750	180530
13	12	462	10	1.2833	4.8777	155	71610	252140
14	13	575	10	1.5972	6.4749	160	92000	344140
15	14	703	10	1.9528	8.4277	165	115995	460135
16	15	847	10	2.3528	10.7805	170	143990	604125
17	16	1008	10	2.8	13.5805	175	176400	780525
18	17	1186	10	3.2944	16.8749	180	213480	994005
19	18	1383	10	3.8417	20.7166	185	255855	1249860
20	19	1598	10	4.4389	25.1555	190	303620	1553480
21	20	1833	10	5.0917	30.2472	195	357435	1910915

图 3-3

在图 3-3 中，工作表中各列代表的数据介绍如下。

- A 列为等级数据。
- B 列为杀怪预期数。

- C 列为击杀单个相应等级怪物的预期时间。
- D 列为通过 B 列和 C 列计算出的单级纯杀怪升级所需的时间，单位为小时（h），对应的公式为 ROUND(B2*C2/3600,4)（这是 D2 单元格中的公式，除等级 1 那一行的公式需要编写，下面的其他公式均可下拉填充）。
- E 列为升级到当前等级所需的总时间，对应的公式为 SUM(D2:$D$2)（这是 E2 单元格中的公式）。
- F 列为相应等级怪物的经验值。
- G 列为单级升级所需的经验值，对应的公式为 F2*B2（这是 G2 单元格中的公式）。
- H 列为升级到当前等级所需的总经验值，对应的公式为 SUM(G2:$G$2)（这是 H2 单元格中的公式）。

2. 任务相关经验值的设计

接下来要设计与任务相关的经验值。下面设计的是主线任务的经验值（一次性的），这不是每天可以反复完成的每日任务的经验值，如图 3-4 所示。

等级	任务占比	任务杀怪	任务总经验	任务时间(min)	剩余经验	剩余总经验
1	80%	2	1000	2	0	0
2	80%	3	1239	3	84	84
3	80%	4	1848	4	88	172
4	80%	5	2967	5	-23	149
5	80%	6	4944	5	-336	-187
6	81%	7	8063	5	-812	-999
7	81%	8	12201	5	-1579	-2578
8	81%	9	17945	5	-2710	-5288
9	81%	10	25327	5	-4213	-9501
10	81%	11	34598	10	-6147	-15648
11	82%	12	46695	10	-8055	-23703
12	83%	13	61451	10	-10159	-33862
13	84%	14	79520	10	-12480	-46342
14	85%	15	101070	10	-14925	-61267
15	86%	16	126551	10	-17439	-78706
16	87%	17	156443	10	-19957	-98663
17	88%	18	191102	10	-22378	-121041
18	89%	19	231225	10	-24630	-145671
19	90%	20	277058	10	-26562	-172233
20	91%	21	329360	10	-28075	-200308

图 3-4

在图 3-4 中，工作表中各列代表的数据介绍如下。

- A 列为等级数据。

- J 列为任务经验值在该等级总经验值中的占比。
- K 列为任务所需的杀怪数量。
- L 列为该等级任务总经验值，包含任务经验值和杀任务怪经验值，对应的公式为 INT(G2*J2+K2*F2)（这是 L2 单元格中的公式）。
- M 列为任务时间，时间单位为分钟（min）。这里的任务时间是指，领取任务的对话时间、做任务过程中的跑路时间等非杀怪时间的预估值（这些数据会受到关卡设计和文案设计的影响，所以最后还需要再次校验这个值）。
- N 列为完成任务后，还需要的单级升级所需的经验值，对应的公式为 L2-G2（这是 N2 单元格中的公式）
- O 列为完成任务后，还需要的升级所需的总经验值，对应的公式为 SUM($N2:N$2)（这是 O2 单元格中的公式）。

在游戏前期，J 列中的百分比一般会超过 50%，玩家几乎不会遇到由于没有任务可做而导致的卡级现象，而到了游戏中期，则要看游戏的每日任务或其他提供经验值系统的开发节奏，此时会配合这些系统而出现一个短暂的等级快速提升期。接下来会进入第一天的卡点设计，之后会根据升级节奏来进行设计。

K 列中的任务杀怪数据就是在相应的等级下，为了完成任务需要击杀怪物的总数。

经过上述两张图的设计之后，我们会得到升级所需的最终时间，如图 3-5 所示。

等级	还需击杀怪物	累计杀怪数	杀怪时间(h)	最终升级时间(h)	最终总时间(h)
1		0	0	0.0389	0.0389
2		0	0	0.0583	0.0972
3		0	0	0.0778	0.175
4		0	0	0.0972	0.2722
5	3	3	0.0083	0.1083	0.3805
6	7	10	0.0194	0.1222	0.5027
7	13	23	0.0361	0.1417	0.6444
8	21	44	0.0583	0.1666	0.811
9	31	75	0.0861	0.1972	1.0082
10	43	118	0.1194	0.3166	1.3248
11	54	172	0.15	0.35	1.6748
12	66	238	0.1833	0.3861	2.0609
13	78	316	0.2167	0.4223	2.4832
14	91	407	0.2528	0.4611	2.9443
15	103	510	0.2861	0.4972	3.4415
16	115	625	0.3194	0.5333	3.9748
17	125	750	0.3472	0.5639	4.5387
18	134	884	0.3722	0.5916	5.1303
19	140	1024	0.3889	0.6111	5.7414

图 3-5

在图 3-5 中，工作表中各列代表的数据介绍如下。

- Q 列表示就算完成了任务但还没有达到升级所需的经验值，因此还需要击杀的怪物数量。
- R 列是对 Q 列的累计计算。
- S 列是根据 Q 列计算出来的杀怪时间，单位为小时（h），对应的公式为 IF(Q2="",0,ROUND(Q2*C2/3600,4))（这是 S2 单元格中的公式）。
- T 列是完成任务或杀怪升级所需的时间。
- U 列是对 T 列的累计计算，单位为小时（h）。

下面再来看看添加任务之后，升级时间的对比情况，如图 3-6 所示（其中横坐标代表玩家角色等级，纵坐标代表升级所需的时间，单位为 h）。

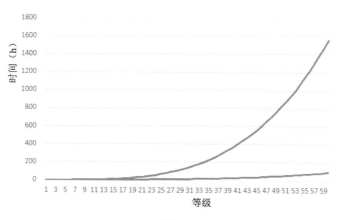

图 3-6

图 3-6 中上面的那条曲线代表纯杀怪升级所需的时间，下面的那条曲线则代表完成任务和杀怪升级一共所需的时间，可以看到添加任务之后升级时间比纯杀怪升级时间大幅度缩短了。

这个例子是一个初级案例，按目前主流的设计来说，对每日任务数和每日杀怪数进行限制是非常常见的，我们加入限制后再来看看玩家前三天的升级情况。

下面先解释一下每日任务，其实有些游戏会把每日任务做成师门任务或帮派任务，但它们本质上都是为玩家提供每日任务，并且在游戏前期，它们是玩家每天获取经验值的重要途径（而游戏后期获取经验值的途径则主要看游戏设计需求了）。

对每日杀怪数的限制则是对每天玩家刷怪数量的限制，在早期的 MMORPG 中是没有这个设计的，结果玩家对优质的刷怪点产生了激烈的争夺，并且每天在线杀怪时间越长获取的经验值就越多，导致玩家对某些活动的参与度并不高（当时的 MMORPG 多采用时长收费模式，所以由时间带来的收益会比现在的 MMORPG 高很多）。后来的游戏慢慢地加入了对每日杀怪数的限制，并且制作了单独的刷怪地图（在游戏道具开始收费后，经验值受时长的影响大大降低了）。

在原有设计的基础上，可以按玩家的真实游戏进程来进行设计，当玩家剩余总经验值为负数时，会去完成每日任务（暂不考虑每日任务的开放等级）。完成每日任务后，再击杀与自己等级相同的怪物，在击杀怪物数量达到上限后，当天能获取的经验值就达到了上限，这时也没有其他获取经验值的途径了，等级卡住后只能等次日再升级了，如图 3-7 所示。

					第一天			
等级	任务后需杀怪数量	怪物经验	剩余经验	剩余总经验	每日任务经验	剩余经验	每日任务后需击杀怪物	每日杀怪剩余数
1		100	0	0	0	0	0	0
2		105	84	84	0	0	0	0
3		110	88	172	0	0	0	0
4		115	-23	149	0	0	0	0
5	3	120	-336	-187	10000	9813	0	0
6	7	125	-812	-999	0	9001	0	0
7	13	130	-1579	-2578	0	7422	0	0
8	21	135	-2710	-5288	0	4712	0	0
9	31	140	-4213	-9501	0	499	0	0
10	43	145	-6147	-15648	0	-5648	39	1961
11	54	150	-8055	-23703	0	0	0	1907
12	71	155	-10159	-33862	0	0	0	1836
13	90	160	-12480	-46342	0	0	0	1746
14	112	165	-14925	-61267	0	0	0	1634
15	137	170	-17439	-78706	0	0	0	1497
16	155	175	-19957	-98663	0	0	0	1342
17	184	180	-22378	-121041	0	0	0	1158
18	217	185	-24630	-145671	0	0	0	941
19	252	190	-26562	-172233	0	0	0	689
20	291	195	-28075	-200308	0	0	0	398
21	313	200	-29008	-229316	0	0	0	85
22	356	205	-29195	-258511	0	0	0	-271
23	402	210	-28476	-286987	0	0	0	0

图 3-7

在图 3-7 中，工作表中各列代表的数据介绍如下。

- E 列为等级数据。
- F 列表示就算完成了任务但没有达到升级所需的经验值，因此还需要击杀的怪物数量。该数据来自经验表。
- G 列表示相应等级怪物的经验值。数据来自经验表。
- H 列为完成任务后，还需要的单级升级所需的经验值。
- I 列为完成任务后，还需要的升级所需的总经验值。
- J 列为判断第一天在哪一级开始每日任务，对应的公式为 IF(AND(I4<0,I3>0), $D$3,0)（这是 J4 单元格中的公式）。
- K 列为每日任务经验值减去 H 列的升级剩余经验值（相当于每日任务经验值是多出来的，用它去弥补升级剩余经验值的空缺），直到出现负数，证明今日任务经验值已经不足以让玩家角色升级了，对应的公式为 IF(AND(I4<0,I3>=0), J4+I4,IF(AND(K3>0,J4=0),K3+H4,0))（这是 K4 单元格中的公式）。
- L 列为做完每日任务后开始刷怪，当前等级距离升级还需要击杀怪物的数量。对应的公式为 IF(K4<0,CEILING.MATH(-(K4)/G4,1),0)（这是 L4 单元格中的公式）。
- M 列为距离每日杀怪数限制的剩余数量，当出现最后一个负数时，表明无法升级到上一等级了（因为已经超出今日杀怪数限制了），所以今日可升级的等级为出现负数的等级数减 1，对应的公式为 IF(L4>0,$D$2-L4,IF(M3>0,1,0))（这是 M4 单元格中的公式）。

接下来要计算的是第二天玩家角色可以升到多少级，在这里大部分的数据和第一天的数据是完全一样的，唯一不同的是第二天的剩余经验值和第一天的剩余经验值是不同的。第二天的剩余经验值要加上第一天每日杀怪剩余数所带来的经验值，如图 3-8 所示。

E	F	O	P	Q	R	S	T
				第二天			
等级	任务后需杀怪数量	剩余经验	剩余总经验	每日任务经验	剩余经验	每日任务后需击杀怪物	每日杀怪剩余数
1		0	0	0	0	0	0
2		0	0	0	0	0	0
3		0	0	0	0	0	0
4		0	0	0	0	0	0
5	3	0	0	0	0	0	0
6	7	0	0	0	0	0	0
7	13	0	0	0	0	0	0
8	21	0	0	0	0	0	0
9	31	0	0	0	0	0	0
10	43	0	0	0	0	0	0
11	54	0	0	0	0	0	0
12	71	0	0	0	0	0	0
13	90	0	0	0	0	0	0
14	112	0	0	0	0	0	0
15	137	0	0	0	0	0	0
16	155	0	0	0	0	0	0
17	184	0	0	0	0	0	0
18	217	0	0	0	0	0	0
19	252	0	0	0	0	0	0
20	291	0	0	0	0	0	0
21	313	-12008	-12008	10000	-2008	11	1989
22	356	-29195	-41203	0	0	0	1633
23	402	-28476	-69679	0	0	0	1231
24	452	-26639	-96318	0	0	0	779
25	505	-30778	-127096	0	0	0	274
26	526	-35337	-162433	0	0	0	-252
27	583	-40331	-202764	0	0	0	0
28	643	-45790	-248554	0	0	0	0
29	707	-51732	-300286	0	0	0	0
30	775	-58176	-358462	0	0	0	0

图 3-8

在图 3-8 中，O 列对应的公式为 IF(AND(M5<0,M4>0),H4+M4*G4,IF(AND(M4<=0,O3<>0), H4,0))（这是 O4 单元格中的公式）。

第三天的计算方法和第二天的是一样的，这里就不多做说明了。如果大家还有不明白的地方，那么就仔细地研究一下表格中的数据关联性。最终我们将计算结果汇总到单独的单元格区域中，如图 3-9 所示。

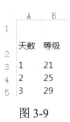

图 3-9

在图 3-9 中，工作表中各列代表的数据介绍如下。

- A 列表示天数。
- B 列表示对前面计算的数据反馈，对应的公式为 MATCH(-1,$M$3:$M$62,-1)（这是 B3 单元格中的公式）。

3.2.2 获取经验值相关设计

1. Solo 经验值

Solo 是早年的游戏术语，意为单挑，在这里的含义是玩家单独击杀怪物。在我们之前的游戏设计中，获得经验值的公式为 **BaseXp=95+5*LV**（其中 BaseXp 代表基础经验值，LV 代表等级）。独自杀死相应等级的怪物获得的经验值是怪物的标准经验值，也是组队及其他经验值计算模式中的基础值。

在设计怪物经验值时，需要注意怪物经验值的成长速度，最好不要让经验值在前期出现大幅度的上涨。按我们当前的设计，每级的经验值增长率较为均衡就不会出现经验值的大幅度上涨。如果我们将经验值公式改为 **BaseXp=0+5*LV**，那么增长率会在游戏前期出现巨大的增幅，如图 3-10 所示。

	A	B	C	D	E	F
1	等级	怪物经验	增长率		怪物经验	增长率
2	1	100			5	
3	2	105	5.00%		10	100.00%
4	3	110	4.76%		15	50.00%
5	4	115	4.55%		20	33.33%
6	5	120	4.35%		25	25.00%
7	6	125	4.17%		30	20.00%
8	7	130	4.00%		35	16.67%
9	8	135	3.85%		40	14.29%
10	9	140	3.70%		45	12.50%
11	10	145	3.57%		50	11.11%
12	11	150	3.45%		55	10.00%
13	12	155	3.33%		60	9.09%
14	13	160	3.23%		65	8.33%
15	14	165	3.13%		70	7.69%
16	15	170	3.03%		75	7.14%
17	16	175	2.94%		80	6.67%
18	17	180	2.86%		85	6.25%
19	18	185	2.78%		90	5.88%
20	19	190	2.70%		95	5.56%

图 3-10

这样的设计会带来哪些问题呢？这时玩家会出现越级杀怪的情况，因为游戏前期越级杀怪的收益巨大。当 1 级玩家击杀了 3 级怪物时，可以获得相当于同等级怪物 300% 的经验值（1 级 5 个经验值，3 级 15 个经验值）。也许你会说 1 级玩家难以击杀 3 级怪物，但如果有大号（大号指等级比自己高的队友账号）组队完成击杀，就不会是问题，所以要尽量避免这种设计。

2. 等级差带来的影响

在 MMORPG 中通过杀怪获取经验值，其速度会受到刷怪速度的影响。在玩家角色的属性大幅度成长后，击杀低等级怪物的效率也会大幅度提升（就算属性不怎么成长，仅通过提升等级所带来的实际战斗效果也都是非常可观的），所以几乎所有的 MMORPG 都会做等级差对经验值的影响设计。

下面再解释一下杀怪效率，按我们之前的设计，5 级人物角色击杀同等级怪物可获得 120 个经验值，击杀时间为 10 秒，则经验值效率为 12 EXP/s（EXP 为经验值缩写，s 为秒）。此时若击杀 1 级怪物，可获得 100 个经验值，击杀时间（假设）为 5 秒，则经验值效率为 20 EXP/s。可见击杀低等级怪物的效率更高，而且这还只是单杀（单独击杀怪物）的情况，群攻（群体攻击）的效率差距可能更大。

再次回到等级差对经验值带来影响的问题。一般情况下，击杀高于人物角色等级的怪物时，可给予经验值奖励，也可不给予（我个人不喜欢给），参考公式如下（其中 CharacterLv 表示人物角色等级，MonsterLv 表示怪物等级，XP 表示可获得的经验值，MonsterXP 表示怪物经验值）：

$$当\ CharacterLv < MonsterLv \leq CharacterLv + 4\ 时$$

$$XP = MonsterXP \times (1 + 0.05 \times (MonsterLv - CharacterLv))$$

所以 MonsterXP × 1.2 是杀死高级怪物所能获得的经验值上限。

当击杀低于人物角色等级的怪物时，获得的经验值相应变少，参考公式如下：

$$XP = MonsterXP \times DiffLvMod$$

这里的 DiffLvMod 是等级差异修正系数，根据以上的说明，那么 DiffLvMod 可以按如下公式计算：

当 GMonsterLv＜MonsterLv≤CharacterLv 时

$$DiffLvMod = 1 - (CharacterLv - MonsterLv) / ZD$$

当 MonsterLv ≤ GMonsterLv 时

$$DiffLvMod = 0$$

其中 GMonsterLv 为等级下限值，怪物等级低于这个值时玩家无法获得经验值，这一点可以作为游戏规则。ZD 值不是一个常量，ZD 值可以根据玩家等级进行分段设计。比如，当玩家的等级为 5 的时候，ZD 值为 5，若此时玩家击杀了 4 级怪物，那么他可以获取的经验值为 **DiffLvMod=0.8**。

此时，你是否明白了 ZD 的设计意图？在玩家角色等级提升后，ZD 值可以让每一级所受到的惩罚系数都发生改变。假设 ZD 值如下：

$$ZD=5 \quad CharacterLv \in [1,7]$$

$$ZD=6 \quad CharacterLv \in [8,9]$$

$$ZD=7 \quad CharacterLv \in [10,11]$$

根据上述数据，当玩家角色为 1~7 级，击杀低等级怪物时，1 个等级差会带来 1/5 的经验值损失，而当玩家角色为 8 和 9 级时，1 个等级差则会带来 1/6 的经验值损失。

3. 组队经验值分配问题

组队经验值分配一直是 MMORPG 中最令人头疼的问题，设置得过于"大方"，则玩家组队获取经验值的效率可能过高；设置得过于苛刻，则玩家会对组队杀怪失去兴趣。

组队经验值分配最核心的两个问题如下。

（1）怪物经验值是否根据组队任务而发生变化。

（2）怪物经验值如何分配。

对于第 1 个问题，大部分游戏都会根据组队人数给予相应百分比的经验值调整，公式如下（其中 MonsterXP 代表怪物经验值，PlayerNum 代表玩家人数，Cri 是经验值增幅系数）：

$$MonsterXP = MonsterXP \times (1 + (PlayerNum - 1) \times Cri)$$

对于第 2 个问题，则会有不同的做法，主流做法有如下两种。

一种做法倾向于等级越高，权重越大，而总经验值固定。假设三人组队，等级分别为 3、6、9，那么他们分别可以获取的经验值为：

$$3 \text{ 级} = 3 \times 3 / (3 \times 3 + 6 \times 6 + 9 \times 9) = 7.1\%$$

$$6 \text{ 级} = 6 \times 6 / (3 \times 3 + 6 \times 6 + 9 \times 9) = 28.6\%$$

$$9 \text{ 级} = 9 \times 9 / (3 \times 3 + 6 \times 6 + 9 \times 9) = 64.3\%$$

这样的分配方式更利于高等级玩家，他们由于等级高所以占据更多的份额。在分配份额的时候，公式对等级进行了平方处理（随着等级的增加，有些游戏的分配占比增幅会更大），但这样的设计会存在一个问题，有些玩家会开多个小号来加快自己大号的升级速度。

比如，10 级玩家开 4 个 1 级小号，组队中每多一位小号玩家，怪物经验值就提升 10%。此时怪物的经验值为：

$$MonsterXP = 1.4 \times MonsterXP$$

那么 10 级玩家可以获得的经验值为 $10 \times 10/(1 \times 1+1 \times 1+1 \times 1+1 \times 1+10 \times 10)=96.15\%$。

可以发现，10 级玩家最终获得了 1.346 倍的 Solo 经验值。但这个办法也比较辛苦，并且小号升级后权重变大，获取经验值的效率会大幅下降。所以只要组队后经验值获取效率提升不是特别快的话，对玩家的影响不会过大。

还有一种做法则是游戏《魔兽世界》中的分配方式。这种分配方式被讨论得比较多，大家可以去 NGA 论坛上寻找相关内容，这里就不赘述了。这种分配方式不会让玩家在组队之后获得的经验值超过玩家自己 Solo 怪物的经验值，暴雪公司的设计思路是：组队后玩家杀怪效率会比 Solo 时高，但对比升级效率时组队和 Solo 相差不大，从而避免玩家过于纠结组队杀怪还是 Solo。

3.3 币制体系

本节将对游戏中最基础的货币资源体系进行分析。目前游戏中的等价物（等价物指系统兑换币）越来越多，但它们通常是伴随着系统开放、跟随着系统的产出进行投放的，而并不是游戏基础的币制体系。本节主要探讨初始的币制体系。

目前最具代表性的币制体系分为三币制和四币制，而四币制也包含两种做法，另外还有其他一些币制。

3.3.1 三币制

三币制一般分为金元宝、银两、铜钱（不同游戏中的叫法不同，本书采用了这种叫法），另外也可以把金元宝称为一级货币、银两称为二级货币、铜钱称为三级货币。三币制是国产游戏早期发展过程中的产物。在最早期的单机游戏中，只有游戏币一种货币。进入网络游戏时代后，加入了充值货币，这时就出现了双币制。随着游戏设计的发展，设计人员发现双币制已经不能满足游戏运营的需求，这时就又出现了三币制，其中三种货币的产出和使用方法各不同。

1. 金元宝

金元宝的产出途径非常明确，它只能通过官方充值这一种途径获得。

下面介绍一下金元宝的消耗途径。

（1）商城购物

金元宝商城是用人民币换取游戏资源的最直接通道，付费玩家可以通过金元宝商城直接购买游戏资源。但是在这个商城中投放的资源不能太影响非付费玩家的体验，一旦给这些玩家形成了"这个游戏太不公平，什么都卖"的印象，其实很危险。如图3-11所示为《梦幻西游》手游的商城。

图 3-11

（2）兑换银两

兑换银两功能可以说大部分游戏都有，金元宝作为这三种货币中的一级货币，拥有向下兑换初级货币的权利。但在一般的情况下，也不会开放无限制兑换，每天限次等汇率兑换是目前的主流做法。所谓的等汇率，就是固定的兑换比率，如 1 金元宝兑换 100 银两，而不是每天第一次 1 金元宝可以兑换 100 银两，第二次就变成 90 银两了。这里也是同样的道理，无限制的兑换会让非付费玩家觉得自己的付出都可以被人民币玩家（人民币玩家泛指充值玩家）无情地"碾压"（也有些玩家喜欢这种设计，认为自己玩游戏是赚到了，产生了等价值的人民币消费效果）。

兑换银两，如图 3-12 所示。

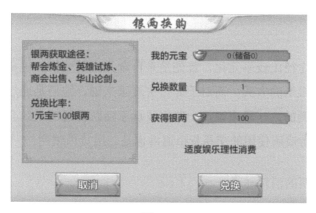

图 3-12

（3）兑换铜钱

兑换铜钱功能要视游戏情况而定，有些游戏是一级货币可直接兑换二级货币和三级货币，而有些游戏则是一级货币兑换二级货币，二级货币兑换三级货币，不可以越级兑换。

大家可以想象出这两种做法的区别吗？一级货币如果可以同时兑换二级货币和三级货币，就等于一级货币跳过了二级货币直接兑换三级货币，这样一来二级货币作为中间货币的作用就变弱了，因为它不能直接兑换三级货币。

兑换铜钱，如图3-13所示。

图3-13

2. 银两

银两的产出途径比较多元化，首先是来自金元宝的兑换，这是对人民币玩家来说最快捷的获取银两的方式。而对于非付费玩家来说，他们是通过参加游戏中的特定活动来获取银两的，一般来说，一些需要玩家活跃在线的系统会产出银两，此外拥有交易功能的游戏所使用的交易货币通常也是二级货币银两。

下面介绍银两的消耗途径。

（1）可以代替铜钱使用。

（2）除了代替铜钱使用外，商城会在固定时间间隔（每天或每周）开放一些银两可兑换的奖励。此时游戏策划想对玩家说的是："来吧，亲爱的玩家，勤劳就能致富！"

二级货币（银两）和三级货币（铜钱）的关系如图3-14所示。

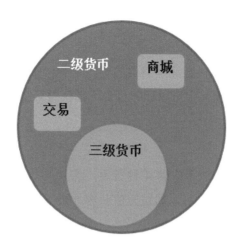

图 3-14

3. 铜钱

铜钱是最传统、最基础的游戏币,玩家最基础的游戏行为会产出游戏币,比如做任务、杀怪等。另外,铜钱也可以通过上级货币的兑换获得。

消耗铜钱的活动通常都是游戏中的基础消耗活动,比如学习技能、打造装备、购买药水等。

3.3.2 四币制

1. 三币制扩展版

四币制是在三币制的基础上进行的拓展,如图 3-15 所示。

图 3-15

除之前介绍的三种货币之外,四币制额外多出了一种货币,即绑定金元宝。绑定金元宝的获取方式有充值赠送、消费赠送及通过一些特定的游戏系统产出。绑金元宝的消耗方式是可代替金元宝进行消费。

在之前的传统三币制中，金元宝消费的资源是非付费玩家难以体验到的，而在这种四币制体系下，绑定金元宝可以让非付费玩家获得某些付费玩家的体验。

2. 双币双绑四币制

还有一种四币制，它有双币双绑 4 种货币，这 4 种货币分别为金子、绑金、银子、绑银。金子为一级货币，可以通过充值获得，金子的消耗方式是通过商城换取道具及兑换次级货币。

绑金的获取方式有充值赠送及其他特定游戏系统产出（比如一些特殊兑换）。绑金的消耗方式较为特殊，可以通过专门的商店付绑金购买特定道具。与前面介绍的四币制不同，这种四币制中的绑金和金子的关系是相交的，而前面四币制中的关系是包容的。在这里，虽然充值时会赠送绑金，但金子本身无法兑换绑金。所以如果你想获取绑金对应的奖励，那么就必须参加产出绑金的活动。

银子只有在游戏中参加特定的活动或执行特定的行为时才会产出，此外还可以通过交易系统来获取和消耗银子，至于是否可以用金子兑换银子，则要看游戏的具体需求。

绑银就是游戏币，等同于之前所说的铜钱，用于满足游戏中的基础消耗。

3.3.3 币制小结

除了上面介绍的主流三币制和四币制外，我还在市面上发现过五币制游戏，那就是《完美世界手游版》，如图 3-16 所示。

图 3-16

五币制的设计其实与之前介绍的三币制和四币制的设计大同小异。

下面我们来明确币制设计的两个基本点。

（1）顶级货币必然是通过人民币兑换的货币，其在游戏中可能叫作元宝，也可能叫作金币或钻石。需要重点设计该货币对应的道具商城，这关系到哪些资源可以通过付费手段直接换取。此外，这个顶级货币可以兑换哪些货币等问题涉及游戏定位和运营策略，一般情况下数值策划不能自己决定，必须保证与主策划人、制作人，甚至运营负责人充分沟通并做出最终设计。

（2）一定要设计一种最基础的货币，那就是游戏币。它的作用是承载玩家的一般游戏行为所带来的消耗。

明确以上两点之后，处于中间地位的货币就是设计的核心问题了。在这里，我发表一下个人观点，仅供大家参考。如果游戏没有交易系统，那么三币制几乎就可以满足大部分游戏的需求，而不需要非做四币制，因为若没有交易系统去承载，反而会显得币制系统复杂。但我相信大部分的 MMORPG 都带有交易系统，因此我更建议采用四币制（若有更细分的需求，还可以采用五币制等）。四币制的两种中间货币，必须有一种来充当交易所使用的货币（方便监控和调控），而可根据游戏行为来决定另一种货币的消耗和兑换情况。

3.4 交易系统

对于交易系统来说，不同的交易设计有着细微的差别。MMORPG 的交易系统通常有 3 种设计方式，具体采用其中的一种还是几种设计方式取决于设计的方向。

3.4.1 摆摊交易

这是国产 MMORPG 最爱使用的设计方式。摆满的摊位让你有一种逛夜市的感觉，就算不买什么，光是看着就非常高兴，如图 3-17 所示。

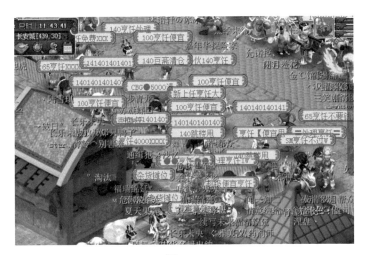

图 3-17

摆摊交易这种设计方式也给了专门从事倒卖活动的玩家更多的机会，他们对游戏的理解和充足的在线时长，让他们更有机会获取优质的装备和资源。

但这种设计方式有一个很大的弊病，那就是由于摆摊需要玩家在游戏场景中以游戏形象展示摆摊行为，因此这样对客户端的运行效率会有非常大的影响，我相信大部分玩家都有过进入游戏中摆摊人多的地域时觉得异常卡顿的经历，这种体验非常糟糕。所以在后期上市的 MMORPG 中，可摆摊地域被单独划分在某一区域，并且让这一区域不会影响到玩家的其他日常行为。

另外，摆摊交易除了可以收取一部分交易费用外，策划无法通过这个系统来对经济系统进行强烈的干预与影响。如果没有非做不可的理由，我不建议在游戏中做摆摊交易。

3.4.2 拍卖行交易

拍卖行交易可以认为是目前交易系统的中流砥柱。拍卖行交易是一种玩家将物品挂在拍卖行进行托管交易的交易系统。拍卖可分为明拍和暗拍。明拍就是你可以在交易时看到卖家的信息，最典型的使用明拍的游戏代表就是《魔兽世界》，如图 3-18 所示。

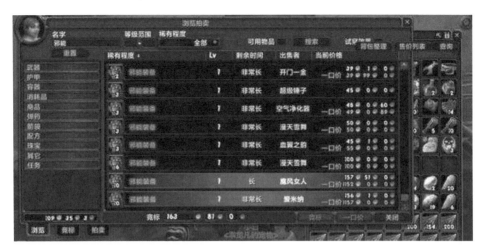

图 3-18

明拍的拍卖行交易的本质就是一种变相的摆摊交易，玩家不需要在游戏中设置实体摊位，而只要把商品挂在拍卖行卖即可，哪怕玩家离线之后依然可以完成交易。另外，因为通过明拍的拍卖行交易可以看到卖家的信息，所以玩家之间的暗箱交易也是防不住的。不过也有喜欢商战的玩家在其中玩得不亦乐乎，我就见过某款游戏中有一种关键道具，一位玩家一直抛售该道具，另一位玩家一直收购该道具，像极了股市，异常刺激。但这一设计方式也会带来问题，如果某位玩家用大量资金购进所有玩家都需要的某种材料，而这种材料短期内的产量又不够大，这时这种材料就会变得紧俏，该玩家相当于掌握了这种材料的定价权。此时没有出现任何 Bug，就是玩家的正常行为，作为策划该怎么处理呢？若调高该道具的产出量，打压炒作材料的玩家，会打击这类玩家的积极性，游戏活力将大大下降；若不调整该道具的产出量，那么普通玩家的体验就会变得非常差。所以明拍的拍卖行交易在国产的 MMORPG 中并不多见，我也不建议大家做这种拍卖行交易，其功能费时并且策划对系统的掌控力也不强。

暗拍的拍卖行交易应该是目前的主流设计，我也比较倾向于这种设计方式，如图 3-19 所示。

图 3-19

由于图 3-19 中的游戏采用的是暗拍机制，买方看不到卖方信息，所以这就杜绝了玩家间的暗箱交易。这时玩家在寄售物品时也会受到售价管制，挂牌价格只能在官方指导价的基础上做调整（一般可以设置到 200%，敏感性的材料可设置到 150%），这也降低了恶性炒作材料的收益，但并没有完全封杀这条路。

暗拍拍卖行交易最大的秘密是由 AI 控制的物品投放机制。这是一个较为复杂的机制，简单来说，就是让程序根据当前服务器上的玩家数据进行分析，然后判断出玩家在未来一段时间内对道具的需求，并且根据这些推测进行道具的投放。举个例子，比如 A 服务器上某位玩家的等级排行第一，此时他想打造一个属于自己的极品武器，但按目前服务器的材料产出情况，不能满足他的材料需求，那么就可以通过 AI 控制来投放这种材料（这种做法也是有争议的，有些游戏策划主张游戏中的经济系统应是自由经济，不应该进行干涉，而有些游戏策划则认为满足玩家需求才是第一位的）。我的观点是，如果游戏能保证 DAU（Daily Active User，日活跃用户数量），那么就不要做或适度做一些通过 AI 控制的物品投放机制，因为玩家可以形成完整的生态系统；而如果游戏不能保证 DAU，那么就要考虑好好设计通过 AI 控制的物品投放机制，因为你的游戏很可能会产出断档（产出断档指材料产出量忽高忽低）。

3.4.3 玩家间直接交易

玩家间的直接交易是早期 MMORPG 中的经典设计，可以说玩家间的直接交易体现了游戏交易系统的自由度，并且只有在玩家间直接交易系统开放的情况下，才存在玩游戏赚钱的可能性。最具代表性的通过游戏赚钱的游戏就是"征途"系列，它们鼓励玩游戏赚钱，参考图（参考图与游戏《征途》无关）如图 3-20 所示。

图 3-20

这类开放玩家间直接交易系统的游戏必须要有大 DAU，这样才能保证游戏可以运转。这时全部玩家会形成金字塔式的结构，在顶层的玩家产生需求之后，会向下传递需求，而对于非人民币或小 R 玩家来说，他们更倾向于玩游戏赚钱（游戏商人、打金工作室），另一种玩家则是通过交换来获取更好的游戏资源（非 R 玩家表示不充值的玩家，小 R 玩家表示小额付费玩家，中 R 玩家表示中度付费玩家，大 R 玩家表示重度付费玩家，不同游戏具体的衡量尺度会有所不同）。

究其本质，玩家间直接交易系统就是让大 R 玩家用人民币换取非 R 玩家的游戏时间产出，如图 3-21 所示。

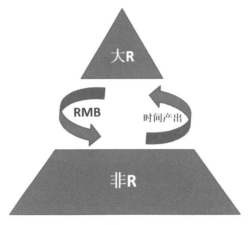

图 3-21

3.4.4 交易系统小结

对于上述交易系统,我建议游戏策划优先做暗拍的拍卖行交易,而通过 AI 控制的物品投放机制则可视情况而定。暗拍的拍卖行交易可满足大部分 MMORPG 对交易系统的需求。

做与不做摆摊交易系统则要看游戏是否真的有这个需求。如果把摆摊交易系统作为特色系统或出于其他需求要做这个系统,最好将其交易区域设置到不影响玩家日常行为的区域,此外针对摆摊所能交易的材料也要做出独立规划。

做明拍的拍卖行交易意义不大,因为在其中可以看到卖方信息,这对正常的交易系统来说不是很有利(其考虑的第一要素还是材料价格)。

是否做玩家间直接交易系统则需要慎重考虑。我其实并不建议做玩家间直接交易系统,因为这对游戏来说是一种非常有特色的标识,喜欢这种细分 MMORPG 类型的玩家基本被已有的此类游戏抢占。要吸引玩家玩新上市的这类 MMORPG,首先要保证游戏 DAU 大,其次还要比现有的此类游戏更好玩,但要同时满足这两个条件就太难了,除非必要,尽量不要尝试这个方向。

3.5 追求点设计

在本节中，我会将自己的一些设计经验分享给大家，供大家参考，但具体情况还是要根据具体项目的情况而定。

3.5.1 与等级相关的追求点设计

目前大部分 MMORPG 的满级所需时间设计是较为相似的，所以游戏第一个版本开放的等级上限会在很大程度上影响玩家的升级节奏（等级上限高的话，升级节奏可以拉得更均衡）。在当前游戏节奏普遍较快的大环境下，大部分游戏的第一个版本的等级上限通常为 99~150 级。前期升级很快，通常以分钟计算，单级升级时间最长一般不会超过 10 天。假设需要规划 100 级的升级时间，如图 3-22 所示（其中横坐标代表玩家角色等级，纵坐标代表升级所需的时间，单位为 d）。

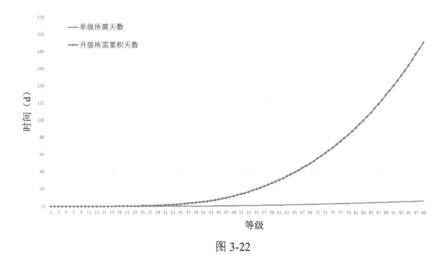

图 3-22

一般情况下，游戏第一个版本规划的满级所需时间在 180 天左右，因为半年左右几乎肯定会出游戏新版本并提升等级上限。

除此之外，在设计等级时还需要注意以下几点。

- 最快升级时间。

- 平均升级时间。
- 下一等级与当前等级升级时间的差异。
- 单级升级所需的最长时间。
- 付费档次所造成的玩家升级时间差异。

最快升级时间需要后期数据统计的结果反馈，因为获取经验值的途径几乎都是游戏策划可以控制的，所以推测的升级时间出现偏差的可能性较小，除非出现了下面的两种情况。第一种情况是游戏出现 Bug，玩家可以通过 Bug 快速提升等级，这就需要立刻采取行动修复 Bug 并给予玩家相应的补偿。第二种情况是游戏内出现逻辑设计错误，玩家通过正常的游戏行为获取了远超游戏策划设计的经验值。对于第二种情况，问题就有点复杂了，如果你对玩家进行制裁，那么玩家的反应会比较激烈。

这时候千万不要用强硬的方式修改这种因设计错误导致的过量产出的经验值。我们要在过量产出经验值的基础上重新规划后续升级所需的经验值（在游戏上线时，不能对已有玩家到达的等级经验值进行修改，因为这会导致玩家数据异常），也就是先将产出的经验值作为日常产出经验值的一部分，然后对其他产出经验值进行重新规划。

平均升级时间也需要后期数据统计的结果反馈，这些数据反馈会证实你对玩家升级时间的预估是否准确。因为我们在进行设计的时候会规划玩家每天的游戏时间和系统参与度，但在真正运营游戏时，这个数值可能会受到各种因素的影响（用户画像未必能 100%准确地确定用户属性），在获取数据统计结果之后，可以分析一下差异出现在哪里，如果后续会拓展等级，就可以考虑这些差异带来的影响，从而让平均升级时间更符合设计预期。

下一等级与当前等级升级时间的差异其实是对升级时间波动的衡量。在查看统计数据的时候，不单要看这个差异值，还要对比玩家的流失率，比如若 35 级的玩家流失率较高，并且 35 级所需的升级时间比 34 级所需的升级时间长很多，那么就要考虑是不是这个因素导致了玩家流失（虽然在大部分的情况下玩家流失率与这个问题的关系不大，但是只要是可以让数据有所提升的手段，都值得尝试），如图 3-23 所示（其中横坐标代表玩家角色等级，纵坐标分别代表玩家流失率和升级时间提升率，两条曲线放在一起是为了表现曲线变化的关联性）。

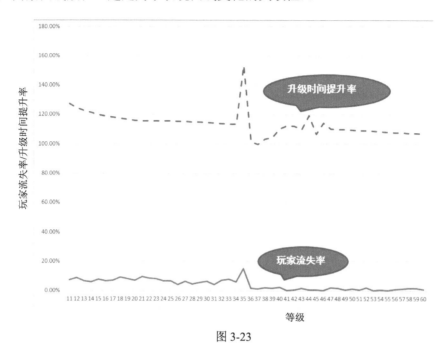

图 3-23

单级升级所需的最长时间一般都出现在等级较高的时候，一旦出现游戏前期某一等级所需的升级时间超出预期，就要检查是否出现设计问题或数据问题（我曾听说过某款游戏出现过这种问题，结果是数值策划在填表的时候不小心改了某个等级升级所需的经验值）。

付费档次所造成的玩家升级时间差异在 MMORPG 中体现得可能不是特别明显，因为现在游戏的主流设计方案都不会在游戏前期使付费因素过度影响玩家的经验值获取速度。这也是因为现在大部分 MMORPG 中的经验值更多地来源于任务及系统产出，由杀怪造成的经验值差异远比早期的 MMORPG 小得多。但人民币玩家可以通过付费拥有经验药水来一直保持 Buff 状态（Buff 状态指玩家的增益状态），从而比非人民币玩家升级更快，所以随着杀怪日积月累的影响和怪物经验值逐步增加的影响，人民币玩家势必会领先非人民币玩家，此时就需要注意付费因素了。一般情况下，假设每天玩家通过每日任务及其他系统可产出的经验值为 X，而杀怪每日可获取的经验值为 Y，那么 $X:Y$ 的取值会处于 1：1 到 2：1 区间内，从而得出如果每日非人民币玩家获取 1 收益，那么人民币玩家大致可获取 1.33~1.5 倍的收益（在大部分情况下，人民币玩家可以获得双倍的杀怪经验值，那么人民币玩家的 $X:Y$ 的取值会处于 1：2 到 2：2 区间内。与之前的 1：1 和 2：1 相比，等于提升了 1.33~1.5 倍的收益）。除了杀怪，有些游戏还有一些可以通过付费途径来加速游戏升级的手段，其思考方式其实与杀怪方式是一致的，但具体比例我没有验证过，所以在此就不给出参考值了。

此外，前面所说的这些设计不能套用到传奇类游戏中，传奇类游戏和 MMORPG 从演变进程来说不属于同一祖先，所以其节奏的控制和资源投放尺度等是完全不一样的。

3.5.2 与属性值相关的追求点设计

1. 追求阶段划分

所有的 MMORPG 玩家追求的最核心感受永远是拥有更高的等级、更强的实力，玩家在整个游戏过程中对属性值的追求基本可分为 3 个阶段，如图 3-24 所示。

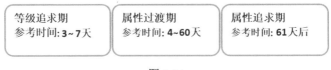

图 3-24

（1）等级追求期

在等级追求期，玩家的核心追求点就是等级的提升，而对属性值的追求会退而求其次。而且游戏前期升级速度较快，就算设置属性值追求点，玩家也没有精力去追求。为什么玩家开始会将对等级的追求视为第一追求呢？最主要的原因是，越早达到高等级就可以越早地享受高级系统带来的属性价值。其实这并不代表玩家不追求属性值,而是这是玩家追求属性值的一种最优策略(很多系统的参与次数是按天计算的,所以早一天达到这些系统的开放等级就相当于比没有达到这一等级的玩家获得了更多的产出价值)。

(2)属性过渡期

在属性过渡期,升级时间通常大于 1 天,很多时候好几天才能升级。此时除了提升等级,玩家也有精力和需求去追求属性值提升了,提升属性值对提升杀怪效率来说有非常大的帮助。玩家更愿意追求攻击属性值的提升,攻击属性值对杀怪效率的影响是非常显著的(这也是在我们衡量玩家升级速度时容易出现误差的地方,所以建议分不同属性值去计算不同的升级效率)。假设没有提升属性值前,杀怪时间为 10 秒,而在攻击属性值提升到伤害值翻倍后,杀怪时间缩短为 5 秒,杀怪效率就翻倍了。

除此之外,属性值的提升对玩家间的对抗也有着重要影响。大部分 MMORPG 在此时都会开放 PVP(Player versus player,指玩家对战玩家)相关系统,就算你不想介入其他玩家的纷争也免不了被波及,所以提升属性值至少能提升玩家角色的生存能力。如果是杀戮型玩家,则很可能在此时就开始了对属性值的追求。

(3)属性追求期

对属性值的追求分为主动追求和被动追求。进行主动追求的通常是人民币玩家,他们在等级的提升对属性值及功能影响较小的情况下,将对属性值的追求放在第一位(这时的真实战力更重要)。而被动追求则是由于杀怪效率或其他问题而不得不提升实力。我们经常会在游戏中看到这样的喊话:"某某副本开组,×××战力以下勿扰。"这其实就是对玩家属性值的一种变相要求。

2. 追求内容划分

如果按属性值成长的内容来划分,可分为以下几个大方向,如图 3-25 所示。

84 | 平衡掌控者——游戏数值经济设计

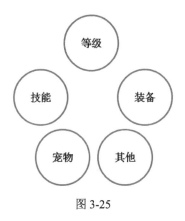

图 3-25

（1）等级提升带来的属性值提升

等级提升带来的属性值提升在早期 MMORPG 中较为明显，但在目前的游戏环境下，该属性值在等级满级时占整体属性值的比例低于 5%。

在游戏初始阶段，由于影响属性值的系统并不多，所以等级提升带来的属性值提升较为可观，并且几乎没有任何成本，只要达到了一定的等级，就可以获得相应的属性值。

图 3-26 为真实游戏数据，仅供参考。

级别	战士生命	战士魔法	战士怒气	战士力量	战士灵气	战士体质	战士定力	战士勇法	战士最小物攻	战士最大物攻	战士物防	战士最小魔攻	战士最大魔攻	战士魔防	战士命中	战士闪避	战士暴击
Level	HP1	MP1	XP1	Str1	Int1	Vit1	Sta1	Dex1	PhyAtkMin1	PhyAtkMax1	PhyDef1	MagAtkMin1	MagAtkMax1	MagDef1	Hit1	Dodge1	Crit1
0	1000	400	100000	10	1	9	1	1	6	14	13	6	13	2	13	2	
1	498	360	100000	19	6	11	4	10	18	24	20	18	20	5	283	53	190
2	524	381	100000	20	6	12	4	11	18	24	20	19	21	20	297	56	189
3	550	387	100000	21	7	13	5	12	19	25	21	20	22	20	310	58	188
4	575	408	100000	22	7	14	5	12	20	26	21	21	23	21	325	61	188
5	601	414	100000	23	8	15	6	13	20	27	22	21	23	21	338	63	187
6	627	435	100000	24	8	16	6	14	21	27	22	22	24	22	351	66	186
7	653	456	100000	25	8	17	6	15	22	28	23	23	25	23	365	68	185
8	679	462	100000	26	9	18	7	16	22	28	23	23	25	23	378	70	184
9	704	483	100000	27	9	19	7	16	23	29	23	24	26	24	393	73	184
10	730	489	100000	28	10	20	8	17	24	30	24	25	27	25	406	76	183

图 3-26

（2）技能提升带来的属性值提升

技能提升带来的属性值提升与其他几个因素带来的属性值提升相比不是很明显。被动技能的加成属性效果会一直存在，而主动技能的加成属性效果只在战斗中主动使用技能时才会生效。技能表如图 3-27 和图 3-28 所示。

第 3 章　MMORPG 经济系统的设计

	A	B	AZ	BA	BB	BC	BD	BE
1	法术ID	法术名字	增加所需金钱	学习所需经验	增加所需经验	法术施放概率	升级技能消耗	升级技能消耗
2	ID	Name	LearnCostMo	LearnCostExp	LearnCostExp	CastOdds	LearnCostImn	LearnCostImn
10	80000	裂空斩	7	60	100	0	0	0
11	80000	裂空斩	68	2280	3800	0	0	0
12	80000	裂空斩	355	14880	24800	0	0	0
13	80000	裂空斩	666	44640	74400	0	0	0
14	80000	裂空斩	1751	97560	162600	0	0	0
15	80000	裂空斩	5041	178920	298200	0	0	0
16	80000	裂空斩	8792	293760	489600	0	0	0
17	80000	裂空斩	21913	446760	744600	0	0	0
18	80000	裂空斩	37807	642360	1070600	0	0	0
19	80000	裂空斩	76464	884880	1474800	0	0	0
20	80000	裂空斩	0	1178520	1964200	0	0	0

图 3-27

	A	B	BI	BJ	BK	BL	BM	BN	BO	BP	BQ
1	法术ID	法术名字	命中	伤害类型	仇恨值	伤害次数	伤害百分比	最小伤害	最大伤害	升级增加最小伤害	升级增加最大伤害
2	ID	Name	HitOdds	DamageTyp	AddThreat	HitCount	AttatkPer	MinAttack	MaxAttack	MinAttackUp	MaxAttackUp
410	80000	裂空斩	0	0	41	1	1	27	27	2	2
411	80000	裂空斩	0	0	55	1	1	45	45	2	2
412	80000	裂空斩	0	0	138	1	1	69	69	3	3
413	80000	裂空斩	0	0	216	1	1	99	99	3	3
414	80000	裂空斩	0	0	305	1	1	135	135	4	4
415	80000	裂空斩	0	0	424	1	1	177	177	4	4
416	80000	裂空斩	0	0	553	1	1	222	222	5	5
417	80000	裂空斩	0	0	782	1	1	273	273	6	6
418	80000	裂空斩	0	0	1087	1	1	330	330	6	6
419	80000	裂空斩	0	0	1416	1	1	393	393	7	7
420	80000	裂空斩	0	0	2002	1	1	459	459	0	0

图 3-28

技能的影响力由战斗公式决定。一般情况下，技能对伤害值的影响公式如下：

伤害值=人物角色伤害值×（1+技能伤害值提升百分比）+固定技能伤害值

固定技能伤害值的影响较好控制，它会随技能等级提升而增加。对于技能伤害值提升百分比，则要慎重设计，因为它将对人物角色的伤害进行放大，所以在一般的情况下，这个值不会随技能等级提升而增加，或仅随技能等级的变化做细微调整。

通过技能获得的属性值是有消耗的，可能需要支付经验值和/或游戏币（最基础的货币）。设计消耗经验值的技能时，会参考角色的经验值，按角色对应等级的经验值乘以一个百分比来进行设计，相当于在提升等级外，还需要额外的经验值来提升与技能相关的属性值。这种技能升级所需的经验值在游戏前期不能设计得过大，因为会对玩家升级产生较大影响。处于等级追求期时，这个百分比不能超过 10%；处于属性过渡期时，这个百分比不能超过 20%；而处于属性追求期时，则可以使这个百分比大一些。这种消耗经验值的设计其实是让技能代替等级成为玩家的追求点。与消耗经验值的设计方案相比，我更喜欢消耗游戏币这种设计方案，不过这种设计方案更为直接，相当于用游戏币直接换取技能的属性值，如图 3-29 所示。

法术ID	法术名字	小等级	游戏币	攻击提升	1攻击所需游戏币	对应人物等级
80000	裂空斩	1	7	27	0.259259259	1
80000	裂空斩	2	68	45	1.511111111	5
80000	裂空斩	3	155	69	2.246376812	10
80000	裂空斩	4	666	99	6.727272727	15
80000	裂空斩	5	1751	135	12.97037037	20
80000	裂空斩	6	5041	177	28.48022599	25
80000	裂空斩	7	8792	222	39.6036036	30
80000	裂空斩	8	21913	273	80.26739927	35
80000	裂空斩	9	37807	330	114.5666667	40
80000	裂空斩	10	76464	393	194.5648855	45
80000	裂空斩	11	115121	459	250.8082789	50

图 3-29

需要注意，消耗的游戏币数量与提升的攻击值之间的"汇率"，这里指的是提升 1 攻击值所需的游戏币数量。游戏币的消耗量要视其在当前等级游戏币产量中的占比。单独理解这句话可能不太容易，下面举个例子，玩家每日产出的游戏币数量就好比是他一天的"工资"，而他想用这些"工资"换取哪个系统的属性值是他自己的自由，我们要保证换取不同系统的属性值的"汇率"不要差异太大（当然如果就是想让某些系统拥有更高的"汇率"也是可以的）。比如，图 3-29 中的技能在 1 级时，花 7 个游戏币就可以获取 27 攻击值，相对于提升 1 攻击值只需要花费约 0.26 个游戏币。

除了常规技能，有些游戏还存在一些稀有技能，这些技能需要特殊途径才能获取。这类技能的设计是相同的，不过对应的属性值"汇率"会比常规技能高一些，一般会是常规技能"汇率"的 1.2~1.5 倍。

（3）装备相关系统带来的属性值提升

从 MMORPG 开始的那一天起，装备相关系统带来的属性值就自始至终占据着人物角色属性值占比"一哥"的地位，虽然在不同游戏中其占比会有所不同，但几乎在所有的游戏中，装备相关系统带来的属性值占比都会超过 50%。

装备相关系统主要分为 4 个主要系统，如图 3-30 所示。

第 3 章　MMORPG 经济系统的设计 | 87

图 3-30

◆ **装备基础属性值**

装备基础属性值就是配置在装备表中的初始属性值，装备的等级和品质越高获得的属性值也就越高，通常增加的属性条目在 1～4 条。装备基础属性值的价值与装备自身绑定，没有额外的获取成本。

◆ **装备升级属性值**

装备升级属性值是升级装备后装备基础属性的提升值。升级装备只能增加属性值，并不能获得额外的属性。属性值的提升空间与装备基础属性值挂钩，一般情况下基础属性值越高，提升空间越大。升级装备一般有两种消耗模式：一种是消耗游戏币，另一种是消耗专属道具。我推荐消耗专属道具的模式，因为这种设计相当于单独的产耗体系，可以与其他货币做"汇率"设计（比如，用银两每日可购买 10 个升级道具，但相对价格较贵，由于银两是可以通过游戏行为产出的，所以对玩家来说是公平的，而用人民币每日可购买 20 个升级道具，但相对价格便宜，这样就可以达到刺激中小人民币玩家消费的目的），也方便做消耗升级（在一般的游戏中，前期装备容易升级，消耗初级材料少而产出较多，给玩家的感觉是可以接受，而到了游戏中期，消耗的材料变为中级材料，中级材料需要 N 个初级材料。这样的设计相对更为平缓,从数量上造成消耗不大的错觉)。而如果消耗的是游戏币,则不太好设计数值,因为游戏后期的消耗量可能会过大(不要说你能控制,一般很难),除了让玩家感觉消耗巨大外,也会对其他消耗游戏币的系统产生影响(这时不如将游戏币投入其他系统,这样获得的属性值提升更大,而玩家对装备升级带来的属性值的追求就会被抑制)。

◆ 装备改造属性值

装备改造属性值是我自创的名称,它指的是挂在装备上的随机词条所带来的属性值,其特性是在生成每个装备时随机获取 1~8 条属性词条(词条数量与装备的等级和品质相关,等级越高、品质越好的装备,随机词条的数量越多和质量越好),有些游戏可以通过系统再次获取随机词条,而有些游戏则不能(这里所说的随机较为复杂,这是一个两次随机问题)。也有些游戏没有装备改造属性值或将装备改造属性值做成固定值(同等级、同品质装备的改造属性值一样),做成随机词条的好处是每一件装备都是"独一无二"的(装备改造属性值在游戏前期可能会不同装备随机出现相同属性值,但在游戏后期几乎是不可能一样的)。玩家有再次制造相同装备的欲望,同时这也为制造出极品属性的玩家提供了出售装备的意义(这种模式下的双攻属性特别受到玩家追捧)。如果装备改造属性值不可通过系统再次随机获取,那么装备改造属性值的获取成本就在装备自身。而如果可以通过系统再次随机获取,则装备改造属性值的获取成本取决于这个系统消耗材料的价值。

◆ 装备追加属性值

装备追加属性值是我对非装备自身的装备属性加成值的命名。在目前的 MMORPG 中,大家可以将其理解为宝石对装备的属性加成值。一般情况下,宝石是镶嵌在装备上的,可自由拆卸和合成(这样做宝石会保值,玩家更愿意投入)。装备可以影响宝石的镶嵌数量(有些游戏会设置为装备影响宝石的质量,我个人觉得没有必要),此外装备位置会对宝石的颜色有要求,比如攻击部位会要求宝石偏攻击属性(对应于宝石的颜色,相关内容可查看《平衡掌控者——游戏数值战斗设计》一书),这种设计可以让玩家清楚地知道装备的向性(向性指装备的倾向性),也方便数值策划进行控制（如果不做限制，玩家肯定会优先加攻击属性值，这样其他属性的价值就降低了）。宝石价值与装备无关，可以将其视为直接加成在玩家身上的属性值（不过要按装备的承载能力来计算属性的价值）。

（4）宠物带来的属性值

这里所说的宠物（宠物通常也被称为宝宝）是可参战宠物，这些宠物可以影响战斗。宝宝的设计是多样的，有些偏攻，有些偏防，还有些会偏辅助。设计宝宝时可将宝宝视为玩家的一种"分身"，宝宝的属性值可参考不同强度下的标准人数值。但与玩家角色不同的是，宝宝都有自己的资质和成长率，这些值的设计与装备的设计类似。所以对宝宝的设计可以说是对玩家角色和装备这两块设计的综合体。宠物带来的属性值如图 3-31 所示。

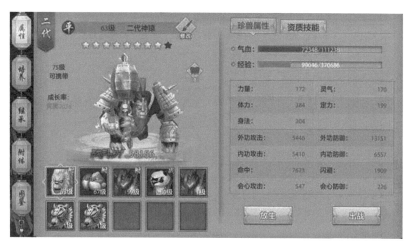

图 3-31

宝宝自身的价值体现在对其的获取上，而对玩家而言这种乐趣与获取装备是相似的，不论付不付费，都有机会获取极品宝宝，但非人民币玩家通常就算拥有了极品宝宝也无法承担其高附加的成长消耗（还不如将极品宝宝卖掉并换一个上品宝宝来养成，这样做的实际战力可能更高）。

有些游戏还允许玩家装备宝宝，这样就将宝宝作为一个装备加成在玩家身上了。

我觉得这个设计的初衷是好的，但是对玩家来说，养成每个宝宝都需要相当大的消耗和投入（金钱和精力），所以如果做这种可装备的宝宝，尽量不要把相应的数量设置得过大，不然玩家可能无法接受（当然如果非要在这里设置付费点，也可以理解）。

（5）其他系统带来的属性值

除了上述 4 个主要影响属性值的系统外，还有其他系统会对属性值产生影响。其他系统主要可以分为两大类型，一类从设计上讲与之前所述的系统类似，只不过换了包装，单独设置了自己的产出和消耗，这样的设计复用性强，可以节约开发成本，但过多采用这类系统会让玩家失去新意，如图 3-32 所示。

图 3-32

图 3-32 的这个暗器系统就是一个从装备上延伸出的特殊系统，与普通装备不同的是它拥有自己的特殊被动技能。

而另一类系统没有直接的货币消耗，但它需要玩家在游戏中获得某些成就或完成某些活动来获取属性值奖励，如图 3-33 所示。

图 3-33

类似于称号系统，其价值就是鼓励玩家参与其他系统和活动。我们可以认为这些系统消耗的是玩家的活跃度。我个人的观点是，这些系统可以做属性值奖励，但是不能奖励得太多。

3.6 阶段划分与定位

我们可以以玩家进入游戏的时间为依据来划分玩家的发展阶段。为了方便讲解，我们主要设计 30 天内的发展阶段。将这段时间分为 4 个阶段来进行设计，如图 3-34 所示。

图 3-34

对超出 30 天的阶段进行设计的原理是一样的。在设计时，不管针对的是哪个阶段，我们都应该明确以下几个问题。

（1）在这个阶段，我们想带给玩家什么。

（2）玩家在这个阶段的主要追求点是什么。

（3）玩家在这个阶段每日上线可获得哪些收益。

（4）不同付费档次玩家的收益差异有多大。

由于在后续章节中会根据具体系统进行详细讲解，所以本节只做一些规划性的介绍。

3.6.1 体验期

我将玩家进入游戏的第一天称为体验期，大部分玩家抱着玩玩看的想法，游戏画面带来的一些感官刺激会更吸引他们，比如技能特效、界面等。玩家处于体验期时，要注意以下几点。

（1）给予更多的引导帮助。

（2）不要将过多的付费内容展示给玩家。

（3）不要让付费与非付费玩家之间存在太大的成长和实力差异。

3.6.2 新手期

如果玩家在第二天又登录了游戏，那么首先可以庆幸多了一位次日留存玩家。玩家第二天又登录了你的游戏就证明他愿意花更多的时间来玩你的游戏，这时他们就不是体验了，而是会认真起来。但不管怎么说，他们还是只玩了一天游戏而已，他们会有意识地希望变强，但是他们对于从哪里获取装备、从哪里获取宝石并不是很熟悉，所以我将这个时期称为新手期。玩家处于新手期时，要注意以下几点。

（1）适度地进行一些付费引导。

（2）将付费玩家与非付费玩家拉开细微差距（比如使其差 1 个等级）。

（3）让玩家对系统的资源产耗有一个初步认识。××宝石是用于强化的，××

材料是用于生产装备的。

3.6.3　成长期

对游戏来说，玩家在第 4 天的时候基本可以参与大部分系统了，他们已经知道如何提升自己并且开始对游戏有了一定的理解，从而导致他们可能会选择不同的发展路线。比如，有人可能更喜欢升级，有人可能会优先赚游戏币。我将这个时期称为成长期。玩家处于成长期时，要注意以下几点。

（1）在适合的成长点加入付费引导。

（2）使付费玩家与非付费玩家之间存在差距，差距会随付费程度呈现梯队划分。

（3）玩家已经熟悉系统产耗及循环模式。比如，要制造一个装备，装备所需的 A 材料应该去某个系统获取，而 B 材料除了通过系统获取，还可以与其他玩家进行交易来获取。

3.6.4　稳定期

玩了 1 周的游戏后，玩家已经非常熟练地掌握了游戏中的主要规则，同时他们也度过了前期的快速增长期，进入了稳定期。有些玩家几乎可以像生物钟一般精准地规划自己每天的游戏时间。

玩家处于稳定期时，要注意以下几点。

（1）付费玩家与非付费玩家之间有明显差距，不同付费档次的玩家间也有差距。

（2）玩家对不同系统都有明确需求。

第 4 章
MMORPG 经济系统的实现

本章会虚构一个结构非常简单的 MMORPG 来进行经济系统的设计,我会按照自己的设计思路来规划数值。大家可以借鉴我的思路,但在实际游戏项目中,情况肯定是千差万别的,因此不宜完全照搬。

4.1 整体架构设计

一般情况下,在数值策划开始设计游戏框架之前,应该可以从主策划手中拿到一张游戏系统的框架图。我在这里简单地画了一个游戏系统框架图,如图 4-1 所示。

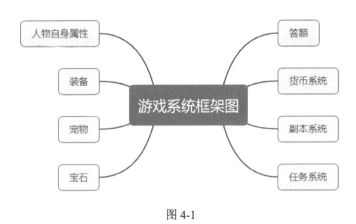

图 4-1

我只画出了一级菜单,下面将逐个对一级菜单进行详细介绍。数值策划要对系统非常了解,因为系统和数值其实是一体的,只是 MMORPG 中需要在数值方向上有更为细致的设计，所以才出现了专门负责数值设计的策划。

另外，说明一下，本书相关游戏截图来自多款游戏，大家不必刻意地与某款游戏进行比对，截图主要用于说明系统功能，而不是为了映射某款游戏。

4.2 系统规则概述

本节将会对图 4-1 中涉及的一级菜单分别进行介绍，内容主要与数值设计相关，不会对表现及具体实现细节进行深入讨论。

4.2.1 人物自身属性

人物的自身属性都是有属性价值的，我们在设计属性时会将其转化为 GP 值（GP 值用于衡量属性的价值），作为投放参考，如图 4-2 所示。

A 流水号	B 字段名	C 中文名	D 价值	E 说明
26	HPMAX	生命上限	150	
27	MPMAX	真气上限	75	
28	HPRecover	生命回复	50	暂时不加
29	MPRecover	真气回复	80	
30	CritHit	暴击率%	45000	
31	CritDef	暴击防御率%	45000	
32	LuckyHit	幸运一击率%	45000	
33	HolyHit	神圣一击率%	45000	
34	CritBoost	暴击增伤比例%	5000	
35	CritResist	暴击减伤比例%	5000	
36	CritDamageAdd	暴击增伤	200	
37	CritDamageDec	暴击减伤	200	
38	BackHit	背击伤害	50	
39	AtkSpeed	攻击速度%	4000	

图 4-2

我们在设计装备的时候会根据属性的得分总值来衡量装备价值。比如，从图 4-2 中的数据来看，一件增加 1%暴击率的装备与 300 HP 的装备价值是一样的（价值同为 45000）。其实按属性的得分总值，并不能完全衡量属性对于当前玩家的实际价值。比如，若玩家的攻击值非常高，但几乎没有暴击率，此时增加暴击率会更划算（可以试算一下输出能力的提升值），那么如何来确定这个 GP 值呢？

很多数值策划新人都会问到这个问题,那么我就在这里回答一下。大家都知道属性价值对于不同的人物角色是不同的,那么如何确定属性价值呢?还记得我们在《平衡掌控者——游戏数值战斗设计》一书中介绍过的标准人吗?我们就是以标准人为衡量标准来确定属性价值的。在一般的情况下,我们都是以满级情况下的标准人作为衡量标准的。换句话说,我们允许某些等级由于职业发展不均衡而出现职业不平衡。

具体的计算过程可参考《平衡掌控者——游戏数值战斗设计》一书,另外还需要注意,不同的战斗公式(甚至不同的系数)都会导致属性 GP 值发生变动,所以项目一旦上线,我们就不能轻易地改动这些设计了(牵连的数值和表格较多,改动后影响太大,不能冒这种风险)。

4.2.2 装备系统

1. 装备基础分类

在这里,我们将装备按 10 级一个档位来划分,假设当前等级上限为 60,那么就会对应 7 个档位的装备:1、10、20、30、40、50、60,而品质划分按照白、绿、蓝、黄、紫依次加强,如图 4-3 所示。

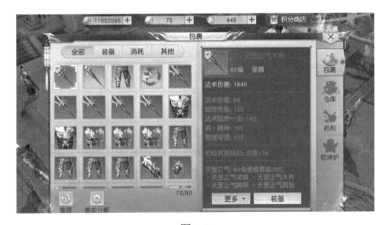

图 4-3

由于游戏前期装备的品质并不需要有那么多（游戏前期升级很快，没必要花时间升级装备），因此在某些档位上不会出现全品质装备，如图 4-4 所示。

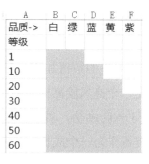

图 4-4

1 级时，游戏升级很快，所以不需要设计高品质的装备，但有时奖励给玩家白色装备显得不够吸引人，所以一般以绿色装备作为奖励装备的初始品质。

10 级时，要让玩家意识到出现了更好的蓝色装备，此时可以在奖励装备时投放一些绿色加蓝色的装备。如果这个级别全奖励蓝色装备，那么玩家在 10 级到 20 级这个区间内就没有装备上的需求，游戏会略显无聊。最好的状态是让玩家处于"半饱不饱"的状态。

20 级时，会开放黄色装备，这是因为通常会在这个级别开放装备制作功能，我们希望在 20 级的时候玩家可以非常轻松地自己制作出一套黄色装备。这样会让玩家觉得只要自己努力，制作装备并不困难。

30 级时，会开放紫色装备，这会让玩家意识到紫色装备才是更高的追求。黄色装备容易打造，但不是那么好，可以选择黄色装备过渡（毕竟成本低），但最终玩家追求的还是紫色装备。紫色装备的材料积累速度一般来说都是低于等级成长速度的，所以只有付费玩家才能打造出与等级对应的紫色装备，等级越高需要的费用也就越多。

2. 强化装备

强化装备所产生的数值加成是绑定在人物身上的，而不是绑定在装备上的。在早年的 MMORPG 中，其实数值加成是绑定在装备上的，但策划逐渐发现，由于时常会交易装备，所以玩家认为强化装备是不保值的行为，很多玩家不愿意去强化装备。后来的设计方案就慢慢地把强化装备的数值加成放在了人物身上（还有一点，早期 MMORPG 中的强化装备其实是一个高风险高回报的事情，装备强化到后期有很大概率会失败，甚至失去装备，但一旦成功，就会获得有价值的装备。而在目前的 MMORPG 中，大多会将强化装备作为一个成长系统来实现，没有失败的风险，只要不断投入材料就可以获得数值加成）。

强化装备目前的主流做法是，按百分比提升装备的基础属性值。此外，在装备强化到一定的阶段后，会消耗高级装备强化宝石（请原谅我为其起了这么一个通俗易懂的名字），如图 4-5 所示。

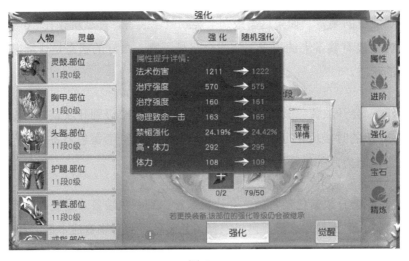

图 4-5

3. 重铸装备

重铸装备功能可以放在紫色装备开放之后再实现，只有在装备相对稳定的情况下，玩家才会对装备进行重铸。重铸装备就是使原有装备重新获得随机附加属性和随机属性值。

其实装备重铸出的属性也不是完全随机产生的，规则与我在《平衡掌控者——游戏数值战斗设计》一书中说到的攻防部位是一样的。攻击部位随机产生的一般为攻击属性和通用属性，防御部位随机产生的一般为防御属性和通用属性。此外，我们在这里设计的随机属性的条目数是固定的，比如紫色装备就是 5 条，那么所有的紫色装备都会出现 5 条随机属性。我见过随机属性的条目数也随机产生的情况，比如黄色装备会随机产生 2~4 条随机属性，紫色装备会随机产生 3~5 条随机属性，这样的设计会带来一个问题，随机产生 3 条随机属性的紫色装备和随机产生 4 条随机属性的黄色装备哪个更好？这会给玩家带来不必要的选择障碍（紫色装备比黄色装备的基础属性值高），所以我不建议使用这样的设计。重铸装备的效果如图 4-6 所示。

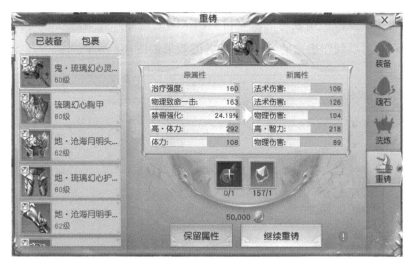

图 4-6

4. 洗练装备

洗练装备功能与重铸装备功能最好一起开放，一般的流程都是先重铸属性条目，对属性条目感到满意之后再将属性条目的数值洗练上去（细心的读者可能会发现，图 4-6 中的属性值在重铸后大幅下降了）。洗练出的数值上限与随机属性条目是相关的（这是一个配置问题，我们要保证同一属性随着装备的等级、品质提升，可洗练属性的数值上限也提升）。洗练装备的效果如图 4-7 所示。

图 4-7

5. 制作装备

制作装备是玩家获取黄色装备和紫色装备的主要途径（还有其他途径，后续会在装备规划中进行详细的介绍）。制作装备需要初级材料和高级材料（材料种类也可以设置得再多一些，但是要考虑玩家付费档次间的差异，有些游戏的高级装备确实不是免费玩家可以制作出来的）。制作装备的效果如图 4-8 所示。

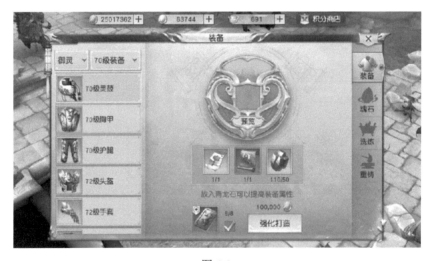

图 4-8

4.2.3 宠物系统

1. 宠物基本信息

在不同的游戏中，宠物的定位不一样。有些游戏在游戏早期就开放了宠物让其伴随玩家成长，并且与装备类似，到了更高的等级会有更好的宠物出现。有些游戏则是到了游戏后期，在玩家角色等级升高了之后，把宠物作为新的成长点来实现的。我建议采用前面的做法，这样玩家可以更早地接触宠物，让他们感受到宠物的存在（有些玩家喜欢玩宠物系统，如果进入游戏后看不到与宠物相关的系统，那么可能会选择离开游戏）。游戏早期开放宠物系统也能让玩家意识到这是一个可以追求的成长点，投放不同种类的宠物也带来了更多的可能性。宠物基本信息如图 4-9 所示。

图 4-9

2. 升级宠物

宠物是通过获取经验值来升级的，经验值的获取途径有两种：第一种是在出战状态和生存状态下通过玩家的行为（杀怪、做任务等）获取经验值；另一种则是通过使用经验值道具来获取。一般情况下，不会提供宠物之间的经验值转移（宠物经验丹也是一种消耗）。

宠物升级后获得的属性加成值是与其成长率相关的，成长率越高获得的属性加成值越多。还有些游戏的宠物也有加点，我倾向于不做这样的设计，加点会导致宠物偏攻或偏防，我更希望将这种攻防特性与宠物的特色联系在一起，比如一只乌龟宠物给人的第一印象就应该是防御强。升级宠物的效果如图4-10所示。

图 4-10

3. 宠物技能

宠物的技能一般会分为如下3类。

- 手动技能。
- 主动技能。
- 被动技能。

手动技能是需要玩家手动操作释放宠物能力的技能。主动技能则不需要玩家操作，是由AI操作释放宠物能力的技能。被动技能则是不需要操作就能生效的技能。

宠物技能的获取方式一般有两种：一种是系统提供的宠物技能洗练（在有些游戏中可能没有，宠物技能是固定的），另一种则是通过技能书学习。宠物技能的效果如图4-11所示。

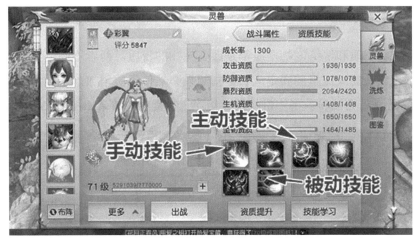

图 4-11

4. 洗练宠物资质

宠物的资质是有上限的，一般情况下，宠物初始时的资质都没有达到上限，只有通过洗练资质才能达到上限。资质可达到的上限与宠物的种类和品质相关。洗练宠物资历的效果如图 4-12 所示。

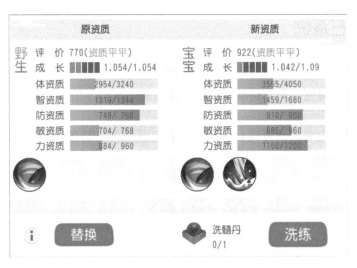

图 4-12

5. 培养宠物资质

培养宠物资质和洗练宠物资质都是改变宠物的资质。两者不同之处是，培养的资质是固定成长的（这里的固定成长是指结果必然使资质增加，不会出现资质降低的情况），而洗练资质将获得随机结果。培养宠物资质的效果如图 4-13 所示。

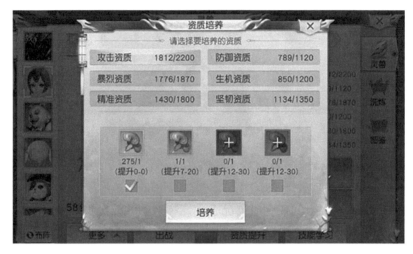

图 4-13

4.2.4 宝石系统

每个装备都可以镶嵌宝石，宝石可以增加人物角色的相关属性值，更换装备一般不会影响宝石属性（和升级装备的情况是一样的）。

装备可镶嵌宝石的数量与装备的等级和品质相关，装备的等级和品质越高可镶嵌宝石的数量越多。

为了不让高级宝石对初级人物角色产生毁灭性的压制，因此通常情况下可镶嵌的宝石等级对人物角色的等级有一定的要求。举个例子，假设玩家角色等级为 20 级，攻击值为 500。1 级攻击属性的宝石可增加 10 攻击值，10 级攻击属性的宝石可增加 1000 攻击值。如果没有这样的限制，那么付费玩家轻轻地在装备上镶嵌一个攻击属性的宝石就可以让攻击值变为 300%，这对非付费玩家来说是致命打击，所以几乎所有的 MMORPG 都会有这样的限制。镶嵌宝石的效果如图 4-14 所示。

图 4-14

另外，宝石是可以逐级向上升级的，1 级宝石的数值和一般会大于 2 级宝石的数值。举个例子，1 级攻击属性的宝石可增加 10 攻击值，3 个 1 级宝石可以合成 1 个 2 级宝石，而 2 级攻击属性的宝石的攻击值会小于 30。这样设计的原因是，虽然宝石的属性值变低了，但所需的位置也变少了，1 单位插槽所产生的属性值其实是变多了。而且，也可以少投放一些属性，尽量控制属性投放速度。

4.2.5 答题系统

答题系统一般会在开放游戏服务器后的 2~3 天开放。玩家通过答题可以获取可观的经验值。游戏中的问题一般都与游戏有一定的关联，但也有些游戏中的问题是包罗万象的。答对问题获得奖励会比答错问题获得的更多一些（我建议答错问题也要给予玩家一定的奖励，如果真有玩家一道题都答不上来，至少他还能获得一些经验值奖励）。答题系统如图 4-15 所示。

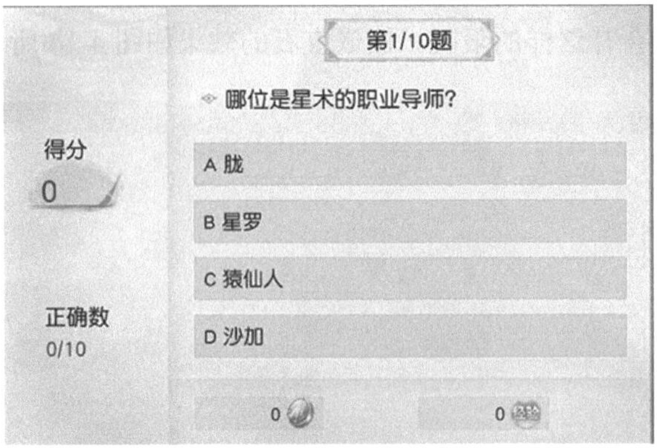

图 4-15

4.2.6 货币系统

对于币制体系，我们采用了三币制。除了元宝、银两、铜钱，我们还会设计一种抽奖专用的货币。而且，用元宝可以兑换银两，用银两可以兑换铜钱。

4.2.7 副本系统

副本可以根据等级要求、产出资源的类型和人数要求这 3 个维度进行分类。在这里，我们投放了 20 级和 40 级单人经验副本、25 级和 45 级多人经验副本、30 级多人货币副本。（在某些游戏中，会有单独的装备副本，而我们将装备放在经验副本中产出。因为我们的高级装备一般是通过制作的途径产出的，所以没有做装备副本。）

4.2.8 任务系统

在数值策划的分类中，任务系统最主要的分类就是一次性任务和重复性任务，这是按产出效率划分的，并且在计算产出的时候，两者要单独衡量。

4.3 产耗模型

1. 产耗表

产耗表一般用于整体规划、分析。通过表格的结构可以清晰地看出系统的产出与消耗，如图 4-16 所示。

模块名称	经验	铜币	银两	元宝	抽奖货币	装备	初级装备强化宝石	高级装备强化宝石	初级装备制作材料	高级装备制作材料	装备重铸材料	装备洗练材料	宝石	宠物	宠物技能书	宠物洗练材料	宠物突变材料	情义酒	属性提升
一次性任务	产出	产出				产出	产出	产出	产出	产出	产出	产出	产出	产出				产出	
重复任务	产出		产出																
20级单人经验副本	产出	产出				产出	产出								产出	产出	产出		
25级多人经验副本	产出	产出				产出	产出								产出	产出	产出		
40级单人经验副本	产出	产出				产出	产出								产出	产出	产出		
45级多人经验副本	产出	产出				产出	产出								产出	产出	产出		
答题	产出	产出																	
情义酒	产出																	消耗	
野怪	产出																		
爬塔			产出																
元宝兑换银两			产出	消耗															
银两兑换铜币		产出	消耗																
元宝商城				消耗	产出		产出	产出	产出	产出	产出	产出	产出	产出		产出	产出		
银两商城			消耗				产出		产出				产出	产出					
铜币商城		消耗																产出	
抽奖商城			产出		消耗		产出	产出	产出	产出	产出	产出	产出			产出	产出		
装备制作		消耗				产出			消耗	消耗									
装备强化							消耗	消耗											产出
装备宝石镶嵌													消耗						产出
装备重铸											消耗								产出
装备洗练												消耗							产出
装备分解						消耗													
宠物获取																			产出
宠物技能															消耗				产出
宠物洗练																消耗			产出
宠物突变																	消耗		产出

图 4-16

但是在追踪资源的循环流向的时候，产耗表不如产耗图清晰（资源最终都是用于提升属性值的，很多系统产出的都是中间产物，比如在元宝商城中产出的是抽奖货币，抽奖货币抽奖后产出了宝石，镶嵌宝石之后属性值得到提升。在产耗图中可以通过对钱的追踪看到资源的流向）。

2. 产耗图

下面给出一张我最近对一款修仙游戏进行分析得到的产耗图，如图 4-17 所示。对于图 4-16 中的产耗表所关联的产耗图，我希望大家参考图 4-17 后自行完成（完成后其有可能成为你的面试作品，这个图较大，扫描二维码可查看大图）。

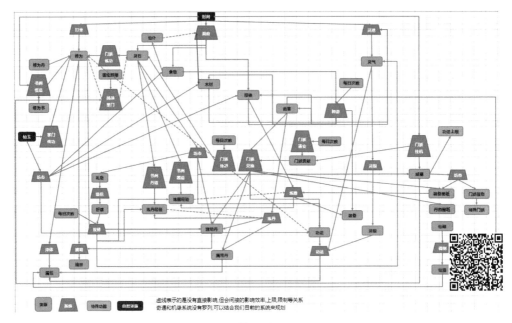

图 4-17

可以通过产耗图更好地看到资源的产耗流向，并且若系统复杂度增加，产耗图也更容易维护。不过制作产耗图较为复杂，所以大家平时需要多加练习并整理一些产耗图模板，这样需要的时候就可以更快地制图了（是否需要绘制产耗图，大家需要自行决定）。

3. 产耗模型

数值模型是利用变量、等式、不等式及数学运算中的数学符号和语言规则等来描述事物的特征与内在联系的模型。这是广义的数值模型定义，而数值策划所用的数值模型应该是将变量、公式与游戏规则相结合，最终建立起数据内在联系及可输出数值结果的模型。

在这里，我们搭建的就是一个简单的产耗模型（也是一种数值模型）。通过这个模型，我们可以按等级或按天来查看各种资源的产耗情况，并调节对应的数值。在本节内，我们将主要搭建模型，具体怎么调整数值则会放在后面讲解。

4.3.1 系统产耗

我们首先搭建系统产耗表，这个表格会将所有常规产出系统的产耗呈现出来。为什么说是常规产出系统呢？下面给大家举个例子。比如副本系统，我们只要每天上线游戏，就可以进入副本系统，副本系统没有额外的其他需求。但若是装备制作系统就不一样了，装备制作系统的本质是资源的转换，它需要玩家将等值的物品转换为装备，装备并不是凭空产出的。符合常规产出系统条件的模块如下。

（1）一次性任务。

（2）重复性任务。

（3）20本（20级单人经验副本的简称）任务。

（4）25本（25级多人经验副本的简称）任务。

（5）40本（40级单人经验副本的简称）任务。

（6）45本（45级多人经验副本的简称）任务。

（7）答题。

（8）情义酒。

（9）野怪。

（10）爬塔。

下面，我们将列出这些模块的数据截图。

1. 一次性任务

一次性任务包含主线任务和支线任务（大部分游戏的主线任务和支线任务都是

一次性任务）。主线任务是基础奖励的重要产出途径，也是我们计算玩家角色强度时的重要参考因素。

在我们规划的产耗表中，一次性任务除了不产出宠物相关资源和特殊货币，其他资源都可以产出，如图 4-18 和图 4-19 所示。

等级	经验	铜币	初级装备强化宝石	高级装备强化宝石	初级装备制作材料	高级装备制作材料	装备重铸材料	装备洗练材料	宝石	[illegible]	情义酒
1	480	576									
2	1008	1210									
3	2112	2534									
4	3312	3974									
5	4608	5530	10								
6	5500	6050									
7	6006	6607									
8	6534	7187									
9	7084	7792									
10	7656	8422							1		1
11	7875	8269									
12	8463	8886									
13	9072	9526									
14	9702	10187									
15	10353	10871									
16	9450	8505									
17	9486	8063									
18	9472	7578									
19	9405	7054									
20	9282	6497							2	1	2
21	9100	5915									
22	8856	5314									
23	8547	4701									
24	8170	4085									
25	8580	4290							3		
26	9000	4500									
27	10350	5175									
28	11750	5875									
29	12960	6480									
30	14210	7105			50		100	20	5		3

图 4-18

等级	经验	铜币	初级装备强化宝石	高级装备强化宝石	初级装备制作材料	高级装备制作材料	装备重铸材料	装备洗练材料	宝石	[illegible]	情义酒
31	15500	7750									
32	16830	8415									
33	18200	9100									
34	21200	10600									
35	24300	12150							5		
36	27500	13750									
37	33600	16800									
38	39900	19950									
39	46400	23200									
40	53100	26550	50	10	100		100	20	5		4
41	60000	30000									
42	76250	38125									
43	93000	46500									
44	110250	55125									
45	128000	64000							5	1	
46	146250	73125									
47	165000	82500									
48	184250	92125									
49	204000	102000									
50	224250	112125			150		100	20	5		5
51	262500	131250									
52	301750	150875									
53	342000	171000									
54	383250	191625									
55	425500	212750							5		
56	468750	234375									
57	532000	266000									
58	596750	298375									
59	663000	331500									
60	730750	365375			200	50	100	20	5	1	6

图 4-19

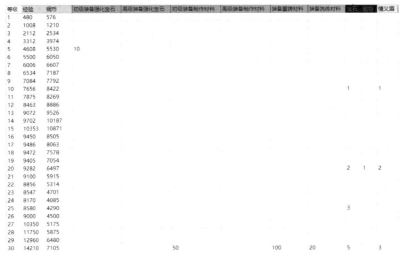

2. 重复性任务

重复性任务是指每日可重复完成的任务。这里规划得较为简单，重复性任务只产出经验和银两，如图 4-20 所示（由于篇幅的原因，图中只显示到 30 级，而实际数据有 60 级）。

等级	经验	银两
1	0	0
2	0	0
3	0	0
4	0	0
5	0	0
6	0	0
7	0	0
8	0	0
9	0	0
10	0	0
11	0	0
12	0	0
13	0	0
14	0	0
15	34000	0
16	35000	0
17	36000	0
18	37000	0
19	38000	0
20	39000	19500
21	40000	20000
22	41000	20500
23	42000	21000
24	43000	21500
25	44000	22000
26	45000	22500
27	46000	23000
28	47000	23500
29	48000	24000
30	49000	24500

图 4-20

3. 20 本任务

20 本任务是第一个单人副本任务，产耗如图 4-21 所示（由于篇幅的原因，图中只显示到 40 级，而实际数据有 60 级）。

等级	经验	铜币	初级强化宝石	宠物技能书	宠物资历材料	宠物突变材料
20	9750	9750	8	0.25	2	4
21	10000	10000	8	0.25	2	4
22	10250	10250	8	0.25	2	4
23	10500	10500	8	0.25	2	4
24	10750	10750	8	0.25	2	4
25	11000	11000	8	0.25	2	4
26	11250	11250	8	0.25	2	4
27	11500	11500	8	0.25	2	4
28	11750	11750	8	0.25	2	4
29	12000	12000	8	0.25	2	4
30	12250	12250	8	0.25	2	4
31	12500	12500	8	0.25	2	4
32	12750	12750	8	0.25	2	4
33	13000	13000	8	0.25	2	4
34	13250	13250	8	0.25	2	4
35	13500	13500	8	0.25	2	4
36	13750	13750	8	0.25	2	4
37	14000	14000	8	0.25	2	4
38	14250	14250	8	0.25	2	4
39	14500	14500	8	0.25	2	4
40	14750	14750	8	0.25	2	4

图 4-21

4. 25本任务

25本任务是第一个多人副本任务，产耗如图4-22所示（由于篇幅的原因，图中只显示到45级，而实际数据有60级）。

等级	经验	铜币	初级强化宝石	宠物技能书	宠物资历材料	宠物突变材料
25	22000	22000	10	0.5	3	6
26	22500	22500	10	0.5	3	6
27	23000	23000	10	0.5	3	6
28	23500	23500	10	0.5	3	6
29	24000	24000	10	0.5	3	6
30	24500	24500	10	0.5	3	6
31	25000	25000	10	0.5	3	6
32	25500	25500	10	0.5	3	6
33	26000	26000	10	0.5	3	6
34	26500	26500	10	0.5	3	6
35	27000	27000	10	0.5	3	6
36	27500	27500	10	0.5	3	6
37	28000	28000	10	0.5	3	6
38	28500	28500	10	0.5	3	6
39	29000	29000	10	0.5	3	6
40	29500	29500	10	0.5	3	6
41	30000	30000	10	0.5	3	6
42	30500	30500	10	0.5	3	6
43	31000	31000	10	0.5	3	6
44	31500	31500	10	0.5	3	6
45	32000	32000	10	0.5	3	6

图 4-22

5. 40 本任务

40 本是进阶的单人副本，产耗如图 4-23 所示。

等级	经验	铜币	初级强化宝石	宠物技能书	宠物资历材料	宠物突变材料
40	44250	44250	12	1	4	8
41	45000	45000	12	1	4	8
42	45750	45750	12	1	4	8
43	46500	46500	12	1	4	8
44	47250	47250	12	1	4	8
45	48000	48000	12	1	4	8
46	48750	48750	12	1	4	8
47	49500	49500	12	1	4	8
48	50250	50250	12	1	4	8
49	51000	51000	12	1	4	8
50	51750	51750	12	1	4	8
51	52500	52500	12	1	4	8
52	53250	53250	12	1	4	8
53	54000	54000	12	1	4	8
54	54750	54750	12	1	4	8
55	55500	55500	12	1	4	8
56	56250	56250	12	1	4	8
57	57000	57000	12	1	4	8
58	57750	57750	12	1	4	8
59	58500	58500	12	1	4	8
60	59250	59250	12	1	4	8

图 4-23

6. 45 本任务

45 本任务是进阶的多人副本任务，产耗如图 4-24 所示。

等级	经验	铜币	初级强化宝石	宠物技能书	宠物资历材料	宠物突变材料
45	64000	64000	15	1.5	5	10
46	65000	65000	15	1.5	5	10
47	66000	66000	15	1.5	5	10
48	67000	67000	15	1.5	5	10
49	68000	68000	15	1.5	5	10
50	69000	69000	15	1.5	5	10
51	70000	70000	15	1.5	5	10
52	71000	71000	15	1.5	5	10
53	72000	72000	15	1.5	5	10
54	73000	73000	15	1.5	5	10
55	74000	74000	15	1.5	5	10
56	75000	75000	15	1.5	5	10
57	76000	76000	15	1.5	5	10
58	77000	77000	15	1.5	5	10
59	78000	78000	15	1.5	5	10
60	79000	79000	15	1.5	5	10

图 4-24

7. 答题

答题模块产出内容如图 4-25 所示（由于篇幅的原因，图中只显示到 30 级，而实际数据有 60 级）。

等级	经验	铜币
1	6000	6000
2	6300	6300
3	6600	6600
4	6900	6900
5	7200	7200
6	7500	7500
7	7800	7800
8	8100	8100
9	8400	8400
10	8700	8700
11	9000	9000
12	9300	9300
13	9600	9600
14	9900	9900
15	10200	10200
16	10500	10500
17	10800	10800
18	11100	11100
19	11400	11400
20	11700	11700
21	12000	12000
22	12300	12300
23	12600	12600
24	12900	12900
25	13200	13200
26	13500	13500
27	13800	13800
28	14100	14100
29	14400	14400
30	14700	14700

图 4-25

8. 情义酒

情义酒模块产出内容如图 4-26 所示（由于篇幅的原因，图中只显示到 30 级，而实际数据有 60 级）。

等级	经验
1	8000
2	8400
3	8800
4	9200
5	9600
6	10000
7	10400
8	10800
9	11200
10	11600
11	12000
12	12400
13	12800
14	13200
15	13600
16	14000
17	14400
18	14800
19	15200
20	15600
21	16000
22	16400
23	16800
24	17200
25	17600
26	18000
27	18400
28	18800
29	19200
30	19600

图 4-26

9. 野怪

野怪模块产出内容如图 4-27 所示（由于篇幅的原因，图中只显示到 30 级，而实际数据有 60 级）。

等级	经验
1	20000
2	21000
3	22000
4	23000
5	24000
6	25000
7	26000
8	27000
9	28000
10	29000
11	30000
12	31000
13	32000
14	33000
15	34000
16	35000
17	36000
18	37000
19	38000
20	39000
21	40000
22	41000
23	42000
24	43000
25	44000
26	45000
27	46000
28	47000
29	48000
30	49000

图 4-27

10. 爬塔

爬塔模块产出内容如图 4-28 所示（由于篇幅的原因，图中只显示到 30 级，而实际数据有 60 级）。

层数	重复奖励	累计	天数	普通玩家层数预估	小R玩家层数预估	大R玩家层数预估	普通玩家单日	普通玩家累计	小R玩家单日	小R玩家累计	大R玩家单日	大R玩家累计	大R/普通	小R/普通
1	10	10	1	10	12	15	550	550	780	780	1200	1200	218.2%	141.8%
2	20	30	2	11	13	16	660	1210	910	1690	1360	2560	211.6%	139.7%
3	30	60	3	12	14	17	780	1990	1050	2740	1530	4090	205.5%	137.7%
4	40	100	4	13	15	18	910	2900	1200	3940	1710	5800	200.0%	135.9%
5	50	150	5	14	16	19	1050	3950	1360	5300	1900	7700	194.9%	134.2%
6	60	210	6	15	17	20	1200	5150	1530	6830	2100	9800	190.3%	132.6%
7	70	280	7	16	18	21	1360	6510	1710	8540	2310	12110	186.0%	131.2%
8	80	360	8	17	19	22	1530	8040	1900	10440	2530	14640	182.1%	129.9%
9	90	450	9	18	20	23	1710	9750	2100	12540	2760	17400	178.5%	128.6%
10	100	550	10	19	21	24	1900	11650	2310	14850	3000	20400	175.1%	127.5%
11	110	660	11	20	22	25	2100	13750	2530	17380	3250	23650	172.0%	126.4%
12	120	780	12	21	23	26	2310	16060	2760	20140	3510	27160	169.1%	125.4%
13	130	910	13	22	24	27	2530	18590	3000	23140	3780	30940	166.4%	124.5%
14	140	1050	14	23	25	28	2760	21350	3250	26390	4060	35000	163.9%	123.6%
15	150	1200	15	24	26	29	3000	24350	3510	29900	4350	39350	161.6%	122.8%
16	160	1360	16	25	27	30	3250	27600	3780	33680	4650	44000	159.4%	122.0%
17	170	1530	17	26	28	31	3510	31110	4060	37740	4960	48960	157.4%	121.3%
18	180	1710	18	27	29	32	3780	34890	4350	42090	5280	54240	155.5%	120.6%
19	190	1900	19	28	30	33	4060	38950	4650	46740	5610	59850	153.7%	120.0%
20	200	2100	20	29	31	34	4350	43300	4960	51700	5950	65800	152.0%	119.4%
21	210	2310	21	30	32	35	4650	47950	5280	56980	6300	72100	150.4%	118.8%
22	220	2530	22	31	33	36	4960	52910	5610	62590	6660	78760	148.9%	118.3%
23	230	2760	23	32	34	37	5280	58190	5950	68540	7030	85790	147.4%	117.8%
24	240	3000	24	33	35	38	5610	63800	6300	74840	7410	93200	146.1%	117.3%
25	250	3250	25	34	36	39	5950	69750	6660	81500	7800	101000	144.8%	116.8%
26	260	3510	26	35	37	40	6300	76050	7030	88530	8200	109200	143.6%	116.4%
27	270	3780	27	36	38	41	6660	82710	7410	95940	8610	117810	142.4%	116.0%
28	280	4060	28	37	39	42	7030	89740	7800	103740	9030	126840	141.3%	115.6%
29	290	4350	29	38	40	43	7410	97150	8200	111940	9460	136300	140.3%	115.2%
30	300	4650	30	39	41	44	7800	104950	8610	120550	9900	146200	139.3%	114.9%

图 4-28

思路：

以上表格都是在系统中规划了资源的产耗后制定出来的，这种方式更利于观测系统自身的产耗变化情况。但是不同系统之间的产耗对比则不容易观测。在工作过程中，存在两种设计系统产耗的方式。

第一种方式是先设计系统产耗，再将同一资源在不同系统中的产耗进行叠加，最终计算出总产耗。第二种方式则是先规划总产耗，再按比例将产耗分配给各个系统。

这两种方式都可以将数值调整到平衡，大家可视情况和个人习惯来决定采用哪种方式。第一种方式会对系统产耗有一个更好的规划，系统产耗更为规整（先设计各个系统的产耗，然后会针对整体产耗进行一定的调整和妥协）；第二种方式则是整体产耗较为规整，但单独看各个系统的产耗则不是很规整（先设计整体产耗，然后会针对各个系统进行一定的调整和妥协）。

单看以上设计思路可能不太容易理解，大家可读完整个章节后再回头看。书中呈现的往往是一种线性思路，但真正工作中更需要的是一种网状思路。

4.3.2 资源产耗

设计资源产耗需要对资源在各个系统中的产耗进行统一规划和设计。按之前的规划，我们将资源分为 5 个种类进行设计。

（1）货币产耗。

（2）装备产耗。

（3）宝石产耗。

（4）宠物产耗。

（5）道具产耗。

1. 货币产耗

◆ 经验值产出

货币产耗在我的设计中是非常重要的一环，因为我将经验值产出也放在货币产耗中了（也可以将经验值产出单独拿出来设计）。经验值产出能决定玩家角色的升级速度，并且影响按天计算的各资源产耗情况，如图 4-29 所示。

玩家等级	经验	杀怪数量	所需经验	修正值	最终经验	//累计经验	任务比例	任务经验	//累计经验	剩余总经验
1	100	4	400	0	400	400	120.0%	480	480	80
2	105	8	840	0	840	1240	120.0%	1008	1488	248
3	110	16	1760	0	1760	3000	120.0%	2112	3600	600
4	115	24	2760	0	2760	5760	120.0%	3312	6912	1152
5	120	32	3840	0	3840	9600	120.0%	4608	11520	1920
6	125	40	5000	0	5000	14600	110.0%	5500	17020	2420
7	130	42	5460	0	5460	20060	110.0%	6006	23026	2966
8	135	44	5940	0	5940	26000	110.0%	6534	29560	3560
9	140	46	6440	0	6440	32440	110.0%	7084	36644	4204
10	145	48	6960	0	6960	39400	110.0%	7656	44300	4900
11	150	50	7500	0	7500	46900	105.0%	7875	52175	5275
12	155	52	8060	0	8060	54960	105.0%	8463	60638	5678
13	160	54	8640	0	8640	63600	105.0%	9072	69710	6110
14	165	56	9240	0	9240	72840	105.0%	9702	79412	6572
15	170	58	9860	0	9860	82700	105.0%	10353	89765	7065
16	175	60	10500	0	10500	93200	90.0%	9450	99215	6015
17	180	62	11160	0	11160	104360	85.0%	9486	108701	4341
18	185	64	11840	0	11840	116200	80.0%	9472	118173	1973
19	190	66	12540	0	12540	128740	75.0%	9405	127578	-1162
20	195	68	13260	0	13260	142000	70.0%	9282	136860	-5140
21	200	70	14000	0	14000	156000	65.0%	9100	145960	-10040
22	205	72	14760	0	14760	170760	60.0%	8856	154816	-15944
23	210	74	15540	0	15540	186300	55.0%	8547	163363	-22937
24	215	76	16340	0	16340	202640	50.0%	8170	171533	-31107
25	220	78	17160	0	17160	219800	50.0%	8580	180113	-39687
26	225	80	18000	0	18000	237800	50.0%	9000	189113	-48687
27	230	90	20700	0	20700	258500	50.0%	10350	199463	-59037
28	235	100	23500	0	23500	282000	50.0%	11750	211213	-70787
29	240	108	25920	0	25920	307920	50.0%	12960	224173	-83747
30	245	116	28420	0	28420	336340	50.0%	14210	238383	-97957

图 4-29

在图 4-29 中，工作表中各列代表的数据介绍如下。

- A 列为玩家角色等级。
- B 列为单个怪物的经验值。
- C 列为升级需要击杀的怪物数量。
- D 列为 B 列和 C 列的乘积结果，代表升级到下一等级所需的经验值。
- E 列为修正值，在最终调节数值时使用。
- F 列为被修正之后升级到下一等级所需的经验值。
- G 列为升级累计所需的经验值（某些公式用这个数值计算更方便）。
- H 列为一次性任务经验值占当前等级经验值的比例。
- I 列为通过 G 列和 H 列计算出的一次性任务经验值。
- J 列为累计一次性任务经验值。
- K 列为累计一次性任务经验值减去累计升级所需的经验值（用于计算升级速度）。

在这里，我们构建了一个基础的升级模型，通过 K 列可以观察到，玩家会卡在

18级升19级（这里就不计算任务中附带的杀怪经验值了，大家可以在任务经验值具体投放到任务中的时候扣除杀怪经验值，为了便于讲解，就不对这个小细节展开了），然后构建每日可重复获取的经验值模型，如图4-30所示。

A 玩家等级	M 单日重复总经验	N 怪物经验	O 重复任务 19.23% 200	P 野怪 19.23% 200	Q 20级单人副本 4.81% 50	R 25级多人副本 9.62% 100	S 40级单人副本 14.42% 150	T 45级多人副本 19.23% 200	U 答题 5.77% 60	V 情义酒 7.69% 80
1	34000	100		20000					6000	8000
2	35700	105		21000					6300	8400
3	37400	110		22000					6600	8800
4	39100	115		23000					6900	9200
5	40800	120		24000					7200	9600
6	42500	125		25000					7500	10000
7	44200	130		26000					7800	10400
8	45900	135		27000					8100	10800
9	47600	140		28000					8400	11200
10	49300	145		29000					8700	11600
11	51000	150		30000					9000	12000
12	52700	155		31000					9300	12400
13	54400	160		32000					9600	12800
14	56100	165		33000					9900	13200
15	91800	170	34000	34000					10200	13600
16	94500	175	35000	35000					10500	14000
17	97200	180	36000	36000					10800	14400
18	99900	185	37000	37000					11100	14800
19	102600	190	38000	38000					11400	15200
20	115050	195	39000	39000	9750				11700	15600
21	118000	200	40000	40000	10000				12000	16000
22	120950	205	41000	41000	10250				12300	16400
23	123900	210	42000	42000	10500				12600	16800
24	126850	215	43000	43000	10750				12900	17200
25	151800	220	44000	44000	11000	22000			13200	17600
26	155250	225	45000	45000	11250	22500			13500	18000
27	158700	230	46000	46000	11500	23000			13800	18400
28	162150	235	47000	47000	11750	23500			14100	18800
29	165600	240	48000	48000	12000	24000			14400	19200
30	169050	245	49000	49000	12250	24500			14700	19600

图 4-30

在图4-30中，工作表中各列代表的数据介绍如下。

- M列为当前等级可获取的总经验值。
- N列为怪物经验值。对应图4-29 B列中单个怪物的经验值。
- O列为通过重复性任务可获取的经验值。
- P列为通过杀怪可获取的经验值。
- Q列为通过20本任务可获取的经验值。
- R列为通过25本任务可获取的经验值。
- S列为通过40本任务可获取的经验值。
- T列为通过45本任务可获取的经验值。
- U列为通过答题可获取的经验值。
- V列为通过情义酒可获取的经验值。

这里的设计是将经验值与同等级杀怪数量挂钩，大家可以看到 O2:V2 单元格区域是对杀怪数量进行分配，从 O1:V1 单元格区域可以看到不同模块经验值所占的比例。由于要考虑等级开放的问题，所以这个比例要分两个角度看：一个角度是系统全部开放后的占比，另一个角度是在当前等级中的具体占比（尽量避免使经验值获取途径单一化、经验值获取占比过于集中在单一模块上）。

◆ 升级（经验值消耗）

在这里只计算前 30 天的升级速度，如图 4-31 所示。

A	B	C	D	E	F
天数	升级等级	每日经验	累计每日经验	任务累计经验	每日累计经验
	18				
1	30	99900	99900	238383	338283
2	37	169050	268950	395513	664463
3	41	193200	462150	594913	1057063
4	43	252000	714150	764163	1478313
5	44	260400	974550	874413	1848963
6	45	264600	1239150	1002413	2241563
7	47	332800	1571950	1313663	2885613
8	48	343200	1915150	1497913	3413063
9	49	348400	2263550	1701913	3965463
10	49	353600	2617150	1701913	4319063
11	50	353600	2970750	1926163	4896913
12	51	358800	3329550	2188663	5518213
13	51	364000	3693550	2188663	5882213
14	52	364000	4057550	2490413	6547963
15	52	369200	4426750	2490413	6917163
16	53	369200	4795950	2832413	7628363
17	53	374400	5170350	2832413	8002763
18	53	374400	5544750	2832413	8377163
19	54	374400	5919150	3215663	9134813
20	54	379600	6298750	3215663	9514413
21	54	379600	6678350	3215663	9894013
22	55	379600	7057950	3641163	10699113
23	55	384800	7442750	3641163	11083913
24	55	384800	7827550	3641163	11468713
25	56	384800	8212350	4109913	12322263
26	56	390000	8602350	4109913	12712263
27	56	390000	8992350	4109913	13102263
28	57	390000	9382350	4641913	14024263
29	57	395200	9777550	4641913	14419463
30	57	395200	10172750	4641913	14814663

图 4-31

在图 4-31 中，工作表中各列代表的数据介绍如下。

- A 列为天数。
- B 列为最终计算出来的对应天数的升级等级。
- C 列为每日可获取的经验值。
- D 列为每日可获取的累计经验值，即 C 列的累计值。

- E 列为任务累计经验值。
- F 列为每日累计的总经验值，即 D 列和 F 列的和。

首先在 B2 单元格中计算玩家在第一天做完一次性任务后会卡住的等级。

B2 单元格对应的公式为 MATCH(0,经验产出$K$4:$K$63,-1)。

等级卡住后，我们再计算该等级每日可获取的经验值。

C3 单元格对应的公式为 VLOOKUP(B2,经验产出!$A:$V,13,0)。

然后计算每日可获取的累计经验值。

D3 单元格对应的公式为 SUM($C$3:C3)。

在计算出每日可获取的累计经验值后，我们再计算任务累计经验值。这里的思路是，根据每日可获取的累计经验值计算出玩家会在哪个等级卡级，然后根据这个等级计算出任务累计经验值。

E3 单元格对应的公式为 VLOOKUP(MATCH(D3,剩余经验,1),经验产出!$A:$V,10,0)。

将 D3 和 E3 单元格中的值相加就得到了每日累计的总经验值。

F3 单元格对应的公式为 D3+E3。

最终在 B3 单元格中，根据 F3 单元格中计算出的经验值查询对应的升级等级。B3 单元格对应的公式为 LOOKUP(F3,经验产出!$G$4:$G$63,经验产出!$A$4:$A$63)。

B3:B32 单元格区域中的数据是非常核心的数据。它是后续计算按天产出的基础。在我们修改经验值之后，它也会随之变化，要注意其他单元格公式对它的引用，并确保数据同步更新。

总的来说，这种模拟是有一定误差的。因为在真正的游戏中，每日经验值不是以一个整体被获取的，在你完成一个每日任务并升级后，后续经验值是按你最新达到的等级进行结算的。等级不是一个固定的参数，因此上面的计算就会出现误差。我建议最好使用 VBA 或其他方式来实现模拟，这样会更准确一些。

◆ 铜币的产出

铜币的产出主要分为两大部分：一部分来自一次性任务，一部分来自每日完成任务的系统，可重复获取，如图 4-32 所示。

玩家等级	比例	任务铜币	//累计铜币
1	120.0%	576	576
2	120.0%	1210	1786
3	120.0%	2534	4320
4	120.0%	3974	8294
5	120.0%	5530	13824
6	110.0%	6050	19874
7	110.0%	6607	26481
8	110.0%	7187	33668
9	110.0%	7792	41460
10	110.0%	8422	49882
11	105.0%	8269	58151
12	105.0%	8886	67037
13	105.0%	9526	76563
14	105.0%	10187	86750
15	105.0%	10871	97621
16	90.0%	8505	106126
17	85.0%	8063	114189
18	80.0%	7578	121767
19	75.0%	7054	128821
20	70.0%	6497	135318
21	65.0%	5915	141233
22	60.0%	5314	146547
23	55.0%	4701	151248
24	50.0%	4085	155333
25	50.0%	4290	159623
26	50.0%	4500	164123
27	50.0%	5175	169298
28	50.0%	5875	175173
29	50.0%	6480	181653
30	50.0%	7105	188758

图 4-32

在图 4-32 中，工作表中各列代表的数据介绍如下。

- A 列为玩家角色等级。
- B 列为铜币占任务经验值的比例（也可以不用比例，单独规划铜币的产出）。
- C 列为根据 B 列计算出的铜币数量。
- D 列为累计铜币数量。

重复获取铜币的设计思路与之前获取经验值的是相同的,这里不做额外说明。重复获取铜币的规划如图 4-33 所示。

			8.93%	17.86%	26.79%	35.71%	10.71%
	单日重复	怪物数量->	50	100	150	200	60
玩家等级	铜币	怪物经验	20级单人副本	25级多人副本	40级单人副本	45级多人副本	答题
1	6000	100					6000
2	6300	105					6300
3	6600	110					6600
4	6900	115					6900
5	7200	120					7200
6	7500	125					7500
7	7800	130					7800
8	8100	135					8100
9	8400	140					8400
10	8700	145					8700
11	9000	150					9000
12	9300	155					9300
13	9600	160					9600
14	9900	165					9900
15	10200	170					10200
16	10500	175					10500
17	10800	180					10800
18	11100	185					11100
19	11400	190					11400
20	21450	195	9750				11700
21	22000	200	10000				12000
22	22550	205	10250				12300
23	23100	210	10500				12600
24	23650	215	10750				12900
25	46200	220	11000	22000			13200
26	47250	225	11250	22500			13500
27	48300	230	11500	23000			13800
28	49350	235	11750	23500			14100
29	50400	240	12000	24000			14400
30	51450	245	12250	24500			14700

图 4-33

◆ **铜币的消耗**

在计算铜币的消耗之前,先按天计算出铜币的产出(相当于给玩家结算当天的"工资"),如图 4-34 所示,该工作表中各列代表的数据介绍如下。

- A 列为天数。
- B 列引用了之前图 4-31 中计算出来的升级等级。
- C 列为一次性任务产出的累计铜币数量。
- D 列为每日可获取的铜币数量。
- E 列为每日累计可获取的铜币数量。
- F 列为每日累计可获取的铜币总数量。
- G 列为每日可产出的铜币数量(包含一次性产出和重复产出的铜币)。

天数	升级等级	累计铜币	每日铜币	累计每日铜币	总累计	单日产出
	18					
1	30	188758	51450	51450	240208	240208
2	37	267323	58800	110250	377573	137365
3	41	367023	108000	218250	585273	207700
4	43	451648	111600	329850	781498	196225
5	44	506773	113400	443250	950023	168525
6	45	570773	179200	622450	1193223	243200
7	47	726398	184800	807250	1533648	340425
8	48	818523	187600	994850	1813373	279725
9	49	920523	190400	1185250	2105773	292400
10	49	920523	190400	1375650	2296173	190400
11	50	1032648	193200	1568850	2601498	305325
12	51	1163898	196000	1764850	2928748	327250
13	51	1163898	196000	1960850	3124748	196000
14	52	1314773	198800	2159650	3474423	349675
15	52	1314773	198800	2358450	3673223	198800
16	53	1485773	201600	2560050	4045823	372600
17	53	1485773	201600	2761650	4247423	201600
18	53	1485773	201600	2963250	4449023	201600
19	54	1677398	204400	3167650	4845048	396025
20	54	1677398	204400	3372050	5049448	204400
21	54	1677398	204400	3576450	5253848	204400
22	55	1890148	207200	3783650	5673798	419950
23	55	1890148	207200	3990850	5880998	207200
24	55	1890148	207200	4198050	6088198	207200
25	56	2124523	210000	4408050	6532573	444375
26	56	2124523	210000	4618050	6742573	210000
27	56	2124523	210000	4828050	6952573	210000
28	57	2390523	212800	5040850	7431373	478800
29	57	2390523	212800	5253650	7644173	212800
30	57	2390523	212800	5466450	7856973	212800

图 4-34

F 列和 G 列都需要统计。F 列为铜币总数量，而 G 列是每日可产出的铜币数量（相当于现实生活中你的总资产和月收入）。后续在设计消耗时，这两个值也是重要的衡量因素（可以想想，在现实生活中，你如何判断一件商品对你来说是贵还是便宜？最主要的判断标准是你的总资产和月收入）。铜币消耗如图 4-35 所示。

天数	升级等级	总累计	单日产出	情义酒	总占比	每日占比	对应价格生命药水	对应价格魔法药水	总占比生命药水	总占比魔法药水	总占比	每日占比	对应价格制作装备	总占比	每日占比	等级	价格生命药水	价格魔法药水
	18																	
1	30	240208	240208	500000	208.15%	971.8%	1000	800	0.4163%	0.3330%	1.9436%	1.5549%	320000	133.2%	622.0%	1	100	80
2	37	377573	137365	500000	132.42%	850.3%	1000	800	0.2648%	0.2119%	1.7007%	1.3605%	320000	84.8%	544.2%	15	500	400
3	41	585273	207700	500000	85.43%	463.0%	1000	800	0.1709%	0.1367%	0.9259%	0.7407%	400000	68.3%	370.4%	30	1000	800
4	43	781498	196225	500000	63.98%	448.0%	1000	800	0.1280%	0.1024%	0.8961%	0.7168%	400000	51.2%	358.4%	45	1500	1200
5	44	950023	168525	500000	52.63%	440.9%	1000	800	0.1053%	0.0842%	0.8818%	0.7055%	400000	42.1%	352.7%	60	2000	1600
6	45	1193223	243200	500000	41.90%	279.0%	1500	1200	0.1257%	0.1006%	0.8371%	0.6696%	400000	33.5%	223.2%			
7	47	1533648	340425	500000	32.60%	270.6%	1500	1200	0.0978%	0.0782%	0.8117%	0.6494%	400000	26.1%	216.5%			
8	48	1813373	279725	500000	27.57%	266.5%	1500	1200	0.0827%	0.0662%	0.7996%	0.6397%	400000	22.1%	213.2%			
9	49	2105773	292400	500000	23.74%	262.6%	1500	1200	0.0712%	0.0570%	0.7878%	0.6303%	400000	19.0%	210.1%	等级		8件装备
10	49	2296173	190400	500000	21.78%	262.6%	1500	1200	0.0653%	0.0523%	0.7878%	0.6303%	400000	17.4%	210.1%	1	80000	
11	50	2601498	305325	500000	19.22%	258.8%	1500	1200	0.0577%	0.0461%	0.7764%	0.6211%	480000	18.5%	248.4%	10	160000	
12	51	2928748	327250	500000	17.07%	255.1%	1500	1200	0.0512%	0.0410%	0.7653%	0.6122%	480000	16.4%	244.9%	20	240000	
13	51	3124748	196000	500000	16.00%	255.1%	1500	1200	0.0480%	0.0384%	0.7653%	0.6122%	480000	15.4%	244.9%	30	320000	
14	52	3474423	349675	500000	14.39%	251.5%	1500	1200	0.0432%	0.0345%	0.7545%	0.6036%	480000	13.8%	241.4%	40	400000	
15	52	3673223	198800	500000	13.61%	251.5%	1500	1200	0.0408%	0.0327%	0.7545%	0.6036%	480000	13.1%	241.4%	50	480000	
16	53	4045823	372600	500000	12.36%	248.0%	1500	1200	0.0371%	0.0297%	0.7440%	0.5952%	480000	11.9%	238.1%	60	560000	
17	53	4247423	201600	500000	11.77%	248.0%	1500	1200	0.0353%	0.0283%	0.7440%	0.5952%	480000	11.3%	238.1%			
18	53	4449023	201600	500000	11.24%	248.0%	1500	1200	0.0337%	0.0270%	0.7440%	0.5952%	480000	10.8%	238.1%			
19	54	4845048	396025	500000	10.32%	244.6%	1500	1200	0.0310%	0.0248%	0.7339%	0.5871%	480000	9.9%	234.8%			
20	54	5049448	204400	500000	9.90%	244.6%	1500	1200	0.0297%	0.0238%	0.7339%	0.5871%	480000	9.5%	234.8%			
21	54	5253848	204400	500000	9.52%	244.6%	1500	1200	0.0286%	0.0228%	0.7339%	0.5871%	480000	9.1%	234.8%			
22	55	5673798	419950	500000	8.81%	241.3%	1500	1200	0.0264%	0.0211%	0.7239%	0.5792%	480000	8.5%	231.7%			
23	55	5880998	207200	500000	8.50%	241.3%	1500	1200	0.0255%	0.0204%	0.7239%	0.5792%	480000	8.2%	231.7%			
24	55	6088198	207200	500000	8.21%	241.3%	1500	1200	0.0246%	0.0197%	0.7239%	0.5792%	480000	7.9%	231.7%			
25	56	6532573	444375	500000	7.65%	238.1%	1500	1200	0.0230%	0.0184%	0.7143%	0.5714%	480000	7.3%	228.6%			
26	56	6742573	210000	500000	7.42%	238.1%	1500	1200	0.0222%	0.0178%	0.7143%	0.5714%	480000	7.1%	228.6%			
27	56	6952573	210000	500000	7.19%	238.1%	1500	1200	0.0216%	0.0173%	0.7143%	0.5714%	480000	6.9%	228.6%			
28	57	7431373	478800	500000	6.73%	235.0%	1500	1200	0.0202%	0.0161%	0.7049%	0.5639%	480000	6.5%	225.6%			
29	57	7644173	212800	500000	6.54%	235.0%	1500	1200	0.0196%	0.0157%	0.7049%	0.5639%	480000	6.3%	225.6%			
30	57	7856973	212800	500000	6.36%	235.0%	1500	1200	0.0191%	0.0153%	0.7049%	0.5639%	480000	6.1%	225.6%			

图 4-35

在图 4-35 中，工作表中各列代表的数据介绍如下。

- I 列为情义酒的价格（只有一种情义酒，其价格不会随等级而变化）。
- J 列为情义酒在累计铜币总数量中的占比。
- K 列为情义酒在每日铜币数量中的占比。
- M 列为生命药水的价格（根据 X3:Y7 单元格区域中设计的不同等级对应不同档位的药水）。
- N 列为魔法药水的价格。
- O 列为生命药水在累计铜币总数量中的占比。
- P 列为魔法药水在累计铜币总数量中的占比。
- Q 列为生命药水在每日铜币数量中的占比。
- R 列为魔法药水在每日铜币数量中的占比。
- S 列为生产装备的花费（根据 X12:X18 单元格区域中设计的不同等级对应不同档位的装备）。
- T 列为生产装备的花费在累计铜币总数量中的占比。
- U 列为生产装备的花费在每日铜币数量中的占比。

◆ **银两的产出**

银两的产出和铜币的产出的原理是一样的，如图 4-36 所示。

玩家等级	比例	任务银两	//累计银两
1	60.0%	288	288
2	60.0%	893	1181
3	60.0%	2160	3341
4	60.0%	4147	7488
5	60.0%	6912	14400
6	55.0%	9361	23761
7	55.0%	12664	36425
8	55.0%	16258	52683
9	55.0%	20154	72837
10	55.0%	24365	97202
11	52.5%	27392	124594
12	52.5%	31835	156429
13	52.5%	36598	193027
14	52.5%	41691	234718
15	52.5%	47127	281845
16	45.0%	44647	326492
17	42.5%	46198	372690
18	40.0%	47269	419959
19	37.5%	47842	467801
20	35.0%	47901	515702
21	32.5%	47437	563139
22	30.0%	46445	609584
23	27.5%	44925	654509
24	25.0%	42883	697392
25	25.0%	45028	742420
26	25.0%	47278	789698
27	25.0%	49866	839564
28	25.0%	52803	892367
29	25.0%	56043	948410
30	25.0%	59596	1008006

图 4-36

爬塔模块的进度由于与玩家玩游戏的强度挂钩，我们会在消耗银两时根据玩家玩游戏的强度进行区分。重复获取银两的规划如图 4-37 所示。

玩家等级	单日重复银两	怪物数量-> 100 怪物经验	100.00% 重复任务
1	0	100	
2	0	105	
3	0	110	
4	0	115	
5	0	120	
6	0	125	
7	0	130	
8	0	135	
9	0	140	
10	0	145	
11	0	150	
12	0	155	
13	0	160	
14	0	165	
15	0	170	
16	0	175	
17	0	180	
18	0	185	
19	0	190	
20	19500	195	19500
21	20000	200	20000
22	20500	205	20500
23	21000	210	21000
24	21500	215	21500
25	22000	220	22000
26	22500	225	22500
27	23000	230	23000
28	23500	235	23500
29	24000	240	24000
30	24500	245	24500

图 4-37

◆ **银两的消耗**

计算银两的消耗之前，要先按天计算银两的产出。之前在爬塔模块中已经进行了普通玩家、小 R 玩家和大 R 玩家每日爬塔层数的预估，我们在这里就根据之前的预估来计算银两的产出，如图 4-38 所示。

在图 4-38 中，工作表中各列代表的数据介绍如下。

- A 列为天数。
- B 列引用了之前图 4-31 中计算出来的升级等级。
- C 列是根据 B 列计算出来的累计银两数。
- D 列为根据爬塔进度中普通玩家的进度计算出来的每日可获取的银两数。
- E 列为 D 列的累计银两数。
- F 列为 C 列和 E 列的和，也就是累计银两总数。

- G 列为每日产出的银两数。

天数	等级	累计银两	普通玩家				小R玩家				大R玩家			
			每日银两	累计每日银两	总累计	单日产出	每日银两	累计每日银两	总累计	单日产出	每日银两	累计每日银两	总累计	单日产出
1	18 30	1008006	25050	25050	1033056	1033056	25280	25280	1033286	1033286	25700	25700	1033706	1033706
2	37	1561870	28660	53710	1615580	582524	28910	54190	1616060	582774	29360	55060	1616930	583224
3	41	2073632	30780	84490	2158122	542542	31050	85240	2158872	542812	31530	86590	2160222	543292
4	43	2432464	31910	116400	2548864	390742	32200	117440	2549904	391032	32710	119300	2551764	391542
5	44	2651067	32550	148950	2800017	251153	32860	150300	2801367	251153	33400	152700	2803767	252003
6	45	2901670	33200	182150	3083820	283803	33530	183830	3085500	284133	34100	186800	3088470	284703
7	47	3517252	34360	216510	3733762	649942	34710	218540	3735792	650292	35310	222110	3739362	650892
8	48	3891730	35030	251540	4143270	409508	35400	253940	4145670	409878	36030	258140	4149870	410508
9	49	4317208	35710	287250	4604458	461188	36100	290040	4607248	461578	36760	294900	4612108	462238
10	49	4317208	35900	323150	4640358	35900	36310	326350	4643558	36310	37000	331900	4649108	37000
11	50	4798749	36600	359750	5158499	518141	37030	363380	5162129	518571	37750	369650	5168399	519291
12	51	5345915	37310	397060	5742975	584476	37760	401140	5747055	584926	38510	408160	5754075	585676
13	51	5345915	37530	434590	5780505	37530	38000	439140	5785055	38000	38780	446940	5792855	38780
14	52	5968518	38260	472850	6441368	660863	38750	477890	6446408	661353	39560	486500	6455018	662163
15	52	5968518	38500	511350	6479868	38500	39010	516900	6485418	39010	39850	526350	6494868	39850
16	53	6676621	39250	550600	7227221	747753	39780	556680	7233301	747883	40650	567000	7243621	748753
17	53	6676621	39510	590110	7266731	39510	40060	596740	7273361	40060	40960	607960	7284581	40960
18	53	6676621	39780	629890	7306511	39780	40350	637090	7313711	40350	41280	649240	7325861	41280
19	54	7480537	40560	670450	8150987	844476	41150	678240	8158777	845066	42110	691350	8171887	846026
20	54	7480537	40850	711300	8191837	40850	41460	719700	8200237	41460	42450	733800	8214337	42450
21	54	7480537	41150	752450	8232987	41150	41780	761480	8242017	41780	42800	776600	8257137	42800
22	55	8390828	41960	794410	9185238	952251	42610	804090	9194918	952901	43660	820260	9211088	953951
23	55	8390828	42280	836690	9227518	42280	42950	847040	9237868	42950	44030	864290	9255118	44030
24	55	8390828	42610	879300	9270128	42610	43300	890340	9281168	43300	44410	908700	9299528	44410
25	56	9418306	43450	922750	10341056	1070928	44160	934500	10352806	1071638	45300	954000	10372306	1072778
26	56	9418306	43800	966550	10384856	43800	44530	979030	10397330	44530	45700	999700	10418006	45700
27	56	9418306	44160	1010710	10429016	44160	44910	1023940	10442246	44910	46110	1045810	10464116	46110
28	57	10578784	45040	1055740	11634524	1205508	45810	1069740	11648524	1206278	47030	1092840	11671624	1207508
29	57	10578784	45410	1101150	11679934	45410	46200	1115940	11694724	46200	47460	1140300	11719084	47460
30	57	10578784	45800	1146950	11725734	45800	46610	1162550	11741334	46610	47900	1188200	11766984	47900

图 4-38

后续的小 R 玩家和大 R 玩家的银两产出计算方式是一样的，只是引用了不同的数据源，大家可自行查看。

在实际工作中，根据不同玩家玩游戏的强度来计算不同的产出效率是非常常见的设计思路，它有助于我们对比不同阶层玩家之间的差异（差异大还是差异小取决于设计目的）。

在计算银两的消耗时，我们会使用另一种设计思路。这种设计思路是预估玩家的累计消耗情况，然后观察玩家产耗情况，如图 4-39 所示。

天数	等级		银两	每日次数		满消耗						
						初级装备强化宝石	初级装备制作材料	1级宝石	宠物	总计	普通玩家	小R玩家	大R玩家
	18	初级装备强化宝石	20000	10	200000								
1	30	初级装备制作材料	20000	10	200000	200000	200000	100000	100000	600000	1.7218	1.7221	1.7228
2	37	1级宝石	5000	20	100000	400000	400000	200000		1000000	1.6156	1.6161	1.6169
3	41	30级稀有宠物	100000			600000	600000	300000		1500000	1.4387	1.4392	1.4401
4	43	45级稀有宠物	200000			800000	800000	400000		2000000	1.2744	1.275	1.2759
5	44	60级稀有宠物	300000			1000000	1000000	500000		2500000	1.12	1.1205	1.1215
6	45					1200000	1200000	600000	200000	3200000	0.9637	0.9642	0.9651
7	47					1400000	1400000	700000		3500000	1.0668	1.0674	1.0684
8	48					1600000	1600000	800000		4000000	1.0358	1.0364	1.0375
9	49					1800000	1800000	900000		4500000	1.0232	1.0238	1.0249
10	49					2000000	2000000	1000000		5000000	0.9281	0.9287	0.9298
11	50					2200000	2200000	1100000		5500000	0.9379	0.9386	0.9397
12	51					2400000	2400000	1200000		6000000	0.9572	0.9578	0.959
13	51					2600000	2600000	1300000		6500000	0.8893	0.89	0.8912
14	52					2800000	2800000	1400000		7000000	0.9202	0.9209	0.9221
15	52					3000000	3000000	1500000		7500000	0.864	0.8647	0.866
16	53					3200000	3200000	1600000		8000000	0.9034	0.9042	0.9055
17	53					3400000	3400000	1700000		8500000	0.8549	0.8557	0.857
18	53					3600000	3600000	1800000		9000000	0.8118	0.8126	0.814
19	54					3800000	3800000	1900000		9500000	0.858	0.8588	0.8602
20	54					4000000	4000000	2000000		10000000	0.8192	0.82	0.8214
21	54					4200000	4200000	2100000		10500000	0.7841	0.785	0.7864
22	55					4400000	4400000	2200000		11000000	0.835	0.8359	0.8374
23	55					4600000	4600000	2300000		11500000	0.8024	0.8033	0.8048
24	55					4800000	4800000	2400000		12000000	0.7725	0.7734	0.775
25	56					5000000	5000000	2500000		12500000	0.8273	0.8282	0.8298
26	56					5200000	5200000	2600000		13000000	0.7988	0.7998	0.8014
27	56					5400000	5400000	2700000		13500000	0.7725	0.7735	0.7751
28	57					5600000	5600000	2800000		14000000	0.831	0.832	0.8337
29	57					5800000	5800000	2900000		14500000	0.8055	0.8065	0.8082
30	57					6000000	6000000	3000000		15000000	0.7817	0.7828	0.7845

图 4-39

T2:V4 单元格区域是针对银两商店中道具售价的设计。在这里，除了售价外，我们还进行了购买次数的限制（没有对宠物进行限制，如果玩家想用银两升级宠物，这是可以的，顶级宠物一般都是通过元宝买到的）。

在图 4-39 中，工作表中各列代表的数据介绍如下。

- X 列为初级装备强化宝石消耗的预估值。
- Y 列为初级装备制作材料消耗的预估值。
- Z 列为 1 级宝石消耗的预估值。
- AA 列为宠物消耗的预估值（玩家在 20 级时可购买一只宠物）。
- AB 列为预估的总消耗值。
- AC、AD、AE 列是不同阶层玩家的产出与 AB 列中的总消耗值的比值。可以看到，按这种预估消耗，大概第 10 天的时候，产出量就满足不了消耗量了。

◆ 元宝的消耗

需要注意，MMORPG 系统一般不产出元宝（在 MMORPG 中，一般都是这样设计的，而在其他类型的游戏中有产出元宝的设计）。

元宝主要在元宝商城中消耗。一般情况下，元宝商城不会设置限购（有些游戏的某些道具会限购）。关于游戏中物品的定价一般由游戏运营来负责（要与同类主流游戏进行对比后决定，因为玩家也会做这样的对比，这会影响游戏运营环境）。数值策划一般会根据用元宝购买物品的价格来设计游戏内部货币购买物品的价格（银两或铜币售价）。比如，初级装备强化宝石的元宝价格是10，那么按元宝和银两的汇率来计算，初级装备强化宝石应该卖1000银两。但实际上该宝石的银两售价会更高，因为我们希望给玩家留下用元宝购买物品会更便宜的印象。下面给出的是一些参考值，但不同的项目差异还是很大的，如图4-40所示。

图 4-40

◆ **抽奖货币的消耗**

游戏中的抽奖会以各式各样的形式出现，但对于数值策划来说，这些形式的核心就是通过消耗抽奖货币产出游戏中的资源，如图4-41所示。

	A	B	C	D	E	F	G	H	I	J
1	对应奖项	数量		对应等物	等价物数量	对应元宝价值	对应元宝总价值	对应概率		单次抽奖对应元宝
2	初级装备强化宝石	1		初级装备强化宝石	1	10	10	10%		28.4
3	高级装备强化宝石	1		高级装备强化宝石	1	20	20	5%		
4	装备重铸材料	1		装备重铸材料	1	10	10	6%		
5	装备洗练材料	1		装备洗练材料	1	20	20	6%		
6	初级装备制作材料	1		初级装备制作材料	1	5	5	10%		
7	高级装备制作材料	1		高级装备制作材料	1	10	10	5%		
8	2级宝石	1		1级宝石	3	20	60	10%		
9	3级宝石	1		1级宝石	9	20	180	5%		
10	宠物洗练材料	1		宠物洗练材料	1	20	20	5%		
11	宠物突变材料	1		宠物突变材料	1	20	20	5%		
12	银两	2000		银两	1	20	20	33.0%		

图 4-41

一般情况下，我们要保证抽奖产出资源的价值小于或等于抽奖货币的价值。在图 4-41 中，我们根据不同道具的价值和概率计算出单次抽奖对应的元宝价值。J2 单元格对应的公式为 SUMPRODUCT($G$2:$G$12,$H$2:$H$12)。

2. 装备产耗

◆ 装备规划

装备规划是对装备产出途径的描述，如图 4-42 所示。

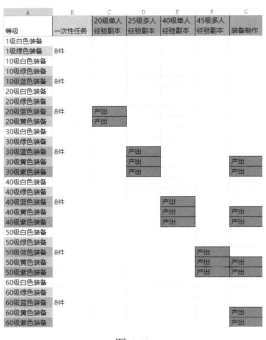

图 4-42

由图 4-42 可见各个模块对应的具体装备的产出情况。

◆ 装备产出

装备产出是按天对玩家当前装备情况的预估，如图 4-43 所示。

第 4 章 MMORPG 经济系统的实现

天数	等级	一次性任务	1 25%蓝75%青 20本	2 25%蓝50%青25%紫 25本	1 40%蓝40%青20%紫 40本	2 40%蓝50%青10%紫 45本	装备情况	装备制作
1	30	30蓝8件	装备转换	0.5			30蓝8件	
2	37		装备转换	0.5			30蓝7件+30紫1件	
3	41	40蓝8件	装备转换	0.5	0.2		40蓝7件+30紫1件	
4	43		装备转换	0.5	0.2		40蓝6件+30紫2件	
5	44		装备转换	0.5	0.2		40蓝6件+30紫2件	
6	45		装备转换	0.5	0.2	0.2	40蓝5件+30紫3件	
7	47		装备转换	0.5	0.2	0.2	40蓝5件+30紫3件+40紫1件	
8	48		装备转换	0.5	0.2	0.2	40蓝3件+30紫4件+40紫1件	
9	49		装备转换	0.5	0.2	0.2	40蓝3件+30紫4件+40紫1件	
10	49		装备转换	0.5	0.2	0.2	40蓝1件+30紫5件+40紫1件+50紫1件	
11	50	50蓝8件	装备转换	装备转换	0.2	0.2	50蓝6件+40紫1件+50紫1件	有制作50紫装需求
12	51		装备转换	装备转换	0.2	0.2	50蓝6件+40紫1件+50紫1件	有制作50紫装需求
13	51		装备转换	装备转换	0.2	0.2	50蓝5件+40紫2件+50紫1件	有制作50紫装需求
14	52		装备转换	装备转换	0.2	0.2	50蓝5件+40紫2件+50紫1件	有制作50紫装需求
15	52		装备转换	装备转换	0.2	0.2	50蓝4件+40紫2件+50紫2件	有制作50紫装需求
16	53		装备转换	装备转换	0.2	0.2	50蓝4件+40紫2件+50紫2件	有制作50紫装需求
17	53		装备转换	装备转换	0.2	0.2	50蓝3件+40紫3件+50紫2件	有制作50紫装需求
18	53		装备转换	装备转换	0.2	0.2	50蓝3件+40紫3件+50紫2件	有制作50紫装需求
19	54		装备转换	装备转换	0.2	0.2	50蓝3件+40紫3件+50紫2件	有制作50紫装需求
20	54		装备转换	装备转换	0.2	0.2	50蓝2件+40紫3件+50紫3件	有制作50紫装需求
21	54		装备转换	装备转换	0.2		50蓝1件+40紫4件+50紫3件	有制作50紫装需求
22	55		装备转换	装备转换	装备转换	0.2	50蓝1件+40紫4件+50紫3件	有制作50紫装需求
23	55		装备转换	装备转换	装备转换	0.2	50蓝1件+40紫4件+50紫3件	有制作50紫装需求
24	55		装备转换	装备转换	装备转换	0.2	50蓝1件+40紫4件+50紫3件	有制作50紫装需求
25	56		装备转换	装备转换	装备转换	0.2	40紫4件+50紫4件	有制作50紫装需求
26	56		装备转换	装备转换	装备转换	0.2	40紫4件+50紫4件	有制作50紫装需求
27	56		装备转换	装备转换	装备转换	0.2	40紫4件+50紫4件	有制作50紫装需求
28	57		装备转换	装备转换	装备转换	0.2	40紫4件+50紫4件	有制作50紫装需求
29	57		装备转换	装备转换	装备转换	0.2	40紫4件+50紫4件	有制作50紫装需求
30	57		装备转换	装备转换	装备转换	0.2	40紫3件+50紫5件	有制作50紫装需求

图 4-43

这里的装备情况是按比较理想的情况进行预估的，即每次掉落的装备都是玩家想要替换的装备。

掉落装备的件数和概率会对副本系统的设计产生影响，要与相关设计人员经常进行沟通，以保证预期与实际效果一致。

◆ **初级强化宝石**

初级强化宝石的产出如图 4-44 所示，工作表中各列代表的数据介绍如下。

- A 列为天数。
- B 列引用了之前图 4-31 中计算出来的升级等级。
- C 列为一次性任务的奖励。
- D 列为 G 列的累计值。
- E 列为总计产出值。
- G 列为每日产出值（即 H 列、I 列、J 列、K 列的合计）。
- H 列、I 列、J 列、K 列为副本系统产出值。

天数	升级等级	一次性任务	每日累计	总计	每日	20本	25本	40本	45本
1	30	10	18	28	18	8	10	0	0
2	37	10	36	46	18	8	10	0	0
3	41	60	66	126	30	8	10	12	0
4	43	60	96	156	30	8	10	12	0
5	44	60	126	186	30	8	10	12	0
6	45	60	171	231	45	8	10	12	15
7	47	60	216	276	45	8	10	12	15
8	48	60	261	321	45	8	10	12	15
9	49	60	306	366	45	8	10	12	15
10	49	60	351	411	45	8	10	12	15
11	50	60	396	456	45	8	10	12	15
12	51	60	441	501	45	8	10	12	15
13	51	60	486	546	45	8	10	12	15
14	52	60	531	591	45	8	10	12	15
15	52	60	576	636	45	8	10	12	15
16	53	60	621	681	45	8	10	12	15
17	53	60	666	726	45	8	10	12	15
18	53	60	711	771	45	8	10	12	15
19	54	60	756	816	45	8	10	12	15
20	54	60	801	861	45	8	10	12	15
21	54	60	846	906	45	8	10	12	15
22	55	60	891	951	45	8	10	12	15
23	55	60	936	996	45	8	10	12	15
24	55	60	981	1041	45	8	10	12	15
25	56	60	1026	1086	45	8	10	12	15
26	56	60	1071	1131	45	8	10	12	15
27	56	60	1116	1176	45	8	10	12	15
28	57	60	1161	1221	45	8	10	12	15
29	57	60	1206	1266	45	8	10	12	15
30	57	60	1251	1311	45	8	10	12	15

图 4-44

◆ 高级强化宝石

高级强化宝石的产出如图 4-45 所示。

天数	升级等级	一次性任务
1	30	0
2	37	0
3	41	10
4	43	10
5	44	10
6	45	10
7	47	10
8	48	10
9	49	10
10	49	10
11	50	10
12	51	10
13	51	10
14	52	10
15	52	10
16	53	10
17	53	10
18	53	10
19	54	10
20	54	10
21	54	10
22	55	10
23	55	10
24	55	10
25	56	10
26	56	10
27	56	10
28	57	10
29	57	10
30	57	10

图 4-45

第 4 章 MMORPG 经济系统的实现

◆ 强化消耗

强化消耗如图 4-46 所示，工作表中各列代表的数据介绍如下。

- A 列为强化等级。
- B 列为该等级强化所需的初级强化宝石数量。
- C 列为该等级强化所需的高级强化宝石数量。
- E 列为 B 列的累计消耗初级强化宝石数量。
- F 列为 C 列的累计消耗高级强化宝石数量。
- H 列为天数。
- I 列引用了之前图 4-31 中计算出来的升级等级。
- J 列为对应 I 列等级的可消耗的初级强化宝石数量。
- K 列为对应 I 列等级的可消耗的高级强化宝石数量。
- M 列为对应 I 列等级拥有的初级强化宝石数量。
- N 列为 M 列与 J 列的比值。
- O 列为对应 I 列等级拥有的高级强化宝石数量。
- P 列为 O 列与 K 列的比值。

A 强化等级	B 消耗初级	C 消耗高级	D	E 初级累计总消耗	F 高级累计总消耗	G	H 天数	I 升级等级	J 初级	K 高级	L	M 拥有初级	N 初级比例	O 拥有高级	P 高级比例
1	1			8	0		1	30	840	0		28	3.33%	0	0.00%
2	1			16	0		2	37	1248	72		46	3.69%	0	0.00%
3	1			24	0		3	41	1512	144		126	8.33%	10	6.94%
4	1			32	0		4	43	1656	192		156	9.42%	10	5.21%
5	1			40	0		5	44	1728	216		186	10.76%	10	4.63%
6	2			56	0		6	45	1800	240		231	12.83%	10	4.17%
7	2			72	0		7	47	1960	304		276	14.08%	10	3.29%
8	2			88	0		8	48	2040	336		321	15.74%	10	2.98%
9	2			104	0		9	49	2120	368		366	17.26%	10	2.72%
10	2			120	0		10	49	2120	368		411	19.39%	10	2.72%
11	3			144	0		11	50	2200	400		456	20.73%	10	2.50%
12	3			168	0		12	51	2288	440		501	21.90%	10	2.27%
13	3			192	0		13	51	2288	440		546	23.86%	10	2.27%
14	3			216	0		14	52	2376	480		591	24.87%	10	2.08%
15	3			240	0		15	52	2376	480		636	26.77%	10	2.08%
16	4			272	0		16	53	2464	520		681	27.64%	10	1.92%
17	4			304	0		17	53	2464	520		726	29.46%	10	1.92%
18	4			336	0		18	53	2464	520		771	31.29%	10	1.92%
19	4			368	0		19	54	2552	560		816	31.97%	10	1.79%
20	4			400	0		20	54	2552	560		861	33.74%	10	1.79%
21	5			440	0		21	54	2552	560		906	35.50%	10	1.79%
22	5			480	0		22	55	2640	600		951	36.02%	10	1.67%
23	5			520	0		23	55	2640	600		996	37.73%	10	1.67%
24	5			560	0		24	55	2640	600		1041	39.43%	10	1.67%
25	5			600	0		25	56	2736	648		1086	39.69%	10	1.54%
26	6			648	0		26	56	2736	648		1131	41.34%	10	1.54%
27	6			696	0		27	56	2736	648		1176	42.98%	10	1.54%
28	6			744	0		28	57	2832	696		1221	43.11%	10	1.44%
29	6			792	0		29	57	2832	696		1266	44.70%	10	1.44%
30	6			840	0		30	57	2832	696		1311	46.29%	10	1.44%

图 4-46

◆ 初级制作材料

初级制作材料如图 4-47 所示，工作表中各列代表的数据介绍如下。

- A 列为天数。
- B 列引用了之前图 4-31 中计算出来的升级等级。
- C 列为一次性任务产出的初级制作材料。

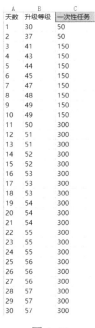

图 4-47

◆ 高级制作材料

因为高级制作材料 60 级才会出现，所以这里就不截图了，读者可查看本书附带 Excel 文件中的表格。

◆ 制作消耗

制作消耗主要是指制作紫色装备的消耗，制作黄色装备的消耗可参考制作紫色装备的消耗。制作消耗如图 4-48 所示，工作表中各列代表的数据介绍如下。

- A 列为制作装备的等级。
- B 列为对初级制作材料的需求。
- C 列为对高级制作材料的需求。
- E 列为天数。
- F 列引用了之前图 4-31 中计算出来的升级等级。
- G 列为对应 F 列等级拥有的初级制作材料数量。
- H 列为对应 F 列等级拥有的高级制作材料数量。
- J 列为制作 30 级装备需要的初级制作材料数量与消耗的比值。
- K 列为制作 40 级装备需要的初级制作材料数量与消耗的比值。
- L 列为制作 50 级装备需要的初级制作材料数量与消耗的比值。
- M 列为制作 60 级装备需要的初级制作材料数量与消耗的比值。
- N 列为制作 60 级装备需要的高级制作材料数量与消耗的比值。

A 等级	B 需求初级	C 需求高级	D	E 天数	F 升级等级	G 初级	H 高级	I	J 30	K 40	L 50	M 60级初级	N 60级高级
30	40	0		1	30	50	0		1.25	0.63	0.31	0.21	0
40	80	0		2	37	50	0		1.25	0.63	0.31	0.21	0
50	160	0		3	41	150	0		3.75	1.88	0.94	0.63	0
60	240	20		4	43	150	0		3.75	1.88	0.94	0.63	0
				5	44	150	0		3.75	1.88	0.94	0.63	0
				6	45	150	0		3.75	1.88	0.94	0.63	0
				7	47	150	0		3.75	1.88	0.94	0.63	0
				8	48	150	0		3.75	1.88	0.94	0.63	0
				9	49	150	0		3.75	1.88	0.94	0.63	0
				10	49	150	0		3.75	1.88	0.94	0.63	0
				11	50	300	0		7.5	3.75	1.88	1.25	0
				12	51	300	0		7.5	3.75	1.88	1.25	0
				13	51	300	0		7.5	3.75	1.88	1.25	0
				14	52	300	0		7.5	3.75	1.88	1.25	0
				15	52	300	0		7.5	3.75	1.88	1.25	0
				16	53	300	0		7.5	3.75	1.88	1.25	0
				17	53	300	0		7.5	3.75	1.88	1.25	0
				18	53	300	0		7.5	3.75	1.88	1.25	0
				19	54	300	0		7.5	3.75	1.88	1.25	0
				20	54	300	0		7.5	3.75	1.88	1.25	0
				21	54	300	0		7.5	3.75	1.88	1.25	0
				22	55	300	0		7.5	3.75	1.88	1.25	0
				23	55	300	0		7.5	3.75	1.88	1.25	0
				24	55	300	0		7.5	3.75	1.88	1.25	0
				25	56	300	0		7.5	3.75	1.88	1.25	0
				26	56	300	0		7.5	3.75	1.88	1.25	0
				27	56	300	0		7.5	3.75	1.88	1.25	0
				28	57	300	0		7.5	3.75	1.88	1.25	0
				29	57	300	0		7.5	3.75	1.88	1.25	0
				30	57	300	0		7.5	3.75	1.88	1.25	0

图 4-48

◆ 重铸材料产耗

重铸材料产耗如图 4-49 所示，工作表中各列代表的数据介绍如下。

- A 列为天数。
- B 列引用了之前图 4-31 中计算出来的升级等级。
- C 列为一次性任务产出的重铸材料。
- H 列和 I 列为预期的词条重铸的次数。
- E 列和 F 列是拥有重铸材料的数量与预期重铸次数的比值。

A	B	C	D	E	F	G	H	I
天数	升级等级	一次性任务		一个词条满意	两个词条满意		一个词条满意重铸需求次数	两个词条满意重铸需求次数
1	30	100		10	2.5			
2	37	100		10	2.5		10	40
3	41	200		20	5			
4	43	200		20	5			
5	44	200		20	5			
6	45	200		20	5			
7	47	200		20	5			
8	48	200		20	5			
9	49	200		20	5			
10	49	200		20	5			
11	50	300		30	7.5			
12	51	300		30	7.5			
13	51	300		30	7.5			
14	52	300		30	7.5			
15	52	300		30	7.5			
16	53	300		30	7.5			
17	53	300		30	7.5			
18	53	300		30	7.5			
19	54	300		30	7.5			
20	54	300		30	7.5			
21	54	300		30	7.5			
22	55	300		30	7.5			
23	55	300		30	7.5			
24	55	300		30	7.5			
25	56	300		30	7.5			
26	56	300		30	7.5			
27	56	300		30	7.5			
28	57	300		30	7.5			
29	57	300		30	7.5			
30	57	300		30	7.5			

图 4-49

◆ 洗练材料产耗

洗练材料产耗如图 4-50 所示，工作表中各列代表的数据介绍如下。

- A 列为天数。
- B 列引用了之前图 4-31 中计算出来的升级等级。
- C 列为一次性任务产出的洗练材料。
- H 列和 I 列为预期洗满词条所需的洗炼次数。
- E 列和 F 列为拥有洗炼材料的数量和预期洗练次数的比值。

A 天数	B 升级等级	C 一次性任务	D	E 一个词条满意	F 两个词条满意	G	H 洗满一个普通词条所需次数	I 洗满一个优质词条所需次数
1	30	20		0.2	0.1			
2	37	20		0.2	0.1		100	200
3	41	40		0.4	0.2			
4	43	40		0.4	0.2			
5	44	40		0.4	0.2			
6	45	40		0.4	0.2			
7	47	40		0.4	0.2			
8	48	40		0.4	0.2			
9	49	40		0.4	0.2			
10	49	40		0.4	0.2			
11	50	60		0.6	0.3			
12	51	60		0.6	0.3			
13	51	60		0.6	0.3			
14	52	60		0.6	0.3			
15	52	60		0.6	0.3			
16	53	60		0.6	0.3			
17	53	60		0.6	0.3			
18	53	60		0.6	0.3			
19	54	60		0.6	0.3			
20	54	60		0.6	0.3			
21	54	60		0.6	0.3			
22	55	60		0.6	0.3			
23	55	60		0.6	0.3			
24	55	60		0.6	0.3			
25	56	60		0.6	0.3			
26	56	60		0.6	0.3			
27	56	60		0.6	0.3			
28	57	60		0.6	0.3			
29	57	60		0.6	0.3			
30	57	60		0.6	0.3			

图 4-50

3. 宝石产耗

宝石产耗如图 4-51 所示，工作表中各列代表的数据介绍如下。

- A 列为天数。
- B 列引用了之前图 4-31 中计算出来的升级等级。
- C 列为一次性任务产出的宝石。
- F 列为单件装备可镶嵌的宝石数量。
- G 列为宝石需求数。
- H~P 列是镶嵌不同等级宝石的覆盖比例（3 个初级宝石可合成 1 个下一级宝石）。

天数	升级等级	一次性任务	单件装备可镶嵌宝石	宝石数	1级	2级	3级	4级	5级	6级	7级	8级	9级
1	30	11	3	24	0.46	0.15	0.05	0.02	0.01	0	0	0	0
2	37	16	3	24	0.67	0.22	0.07	0.02	0.01	0	0	0	0
3	41	21	4	32	0.66	0.22	0.07	0.02	0.01	0	0	0	0
4	43	21	4	32	0.66	0.22	0.07	0.02	0.01	0	0	0	0
5	44	21	4	32	0.66	0.22	0.07	0.02	0.01	0	0	0	0
6	45	26	4	32	0.81	0.27	0.09	0.03	0.01	0	0	0	0
7	47	26	4	32	0.81	0.27	0.09	0.03	0.01	0	0	0	0
8	48	26	4	32	0.81	0.27	0.09	0.03	0.01	0	0	0	0
9	49	26	4	32	0.81	0.27	0.09	0.03	0.01	0	0	0	0
10	49	26	4	32	0.81	0.27	0.09	0.03	0.01	0	0	0	0
11	50	31	4	32	0.97	0.32	0.11	0.04	0.01	0	0	0	0
12	51	31	4	32	0.97	0.32	0.11	0.04	0.01	0	0	0	0
13	51	31	4	32	0.97	0.32	0.11	0.04	0.01	0	0	0	0
14	52	31	4	32	0.97	0.32	0.11	0.04	0.01	0	0	0	0
15	52	31	4	32	0.97	0.32	0.11	0.04	0.01	0	0	0	0
16	53	31	4	32	0.97	0.32	0.11	0.04	0.01	0	0	0	0
17	53	31	4	32	0.97	0.32	0.11	0.04	0.01	0	0	0	0
18	53	31	4	32	0.97	0.32	0.11	0.04	0.01	0	0	0	0
19	54	31	4	32	0.97	0.32	0.11	0.04	0.01	0	0	0	0
20	54	31	4	32	0.97	0.32	0.11	0.04	0.01	0	0	0	0
21	54	31	4	32	0.97	0.32	0.11	0.04	0.01	0	0	0	0
22	55	36	4	32	1.13	0.38	0.13	0.04	0.01	0	0	0	0
23	55	36	4	32	1.13	0.38	0.13	0.04	0.01	0	0	0	0
24	55	36	4	32	1.13	0.38	0.13	0.04	0.01	0	0	0	0
25	56	36	4	32	1.13	0.38	0.13	0.04	0.01	0	0	0	0
26	56	36	4	32	1.13	0.38	0.13	0.04	0.01	0	0	0	0
27	56	36	4	32	1.13	0.38	0.13	0.04	0.01	0	0	0	0
28	57	36	4	32	1.13	0.38	0.13	0.04	0.01	0	0	0	0
29	57	36	4	32	1.13	0.38	0.13	0.04	0.01	0	0	0	0
30	57	36	4	32	1.13	0.38	0.13	0.04	0.01	0	0	0	0

图 4-51

4. 宠物产耗

◆ 宠物规划

宠物规划是对宠物产出途径的描述，如图 4-52 所示。

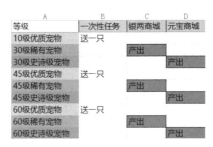

图 4-52

◆ 技能书

技能书产耗如图 4-53 所示，工作表中各列代表的数据介绍如下。

- A 列为天数。
- B 列引用了之前图 4-31 中计算出来的升级等级。
- C 列为 F 列的累计数值。
- D 列为总计产出数，当前只有每日产出技能书数，所以其数值等于 C 列。
- G~J 列为副本系统产出的技能书数。
- L 列为预期养成宠物的数量。
- M 列为技能书的需求数（宠物初始需要 2 本技能书，养成一共需要 8 本技能书）。
- N 列为拥有的技能书数与技能书需求数的比值。

A	B	C	D	E	F	G	H	I	J	K	L	M	N
天数	升级等级	每日累计	总计		每日	20本	25本	40本	45本		宝宝数量	技能书需求	
1	30	0.75	0.75		0.75	0.25	0.5	0	0		1	6	12.50%
2	37	1.5	1.5		0.75	0.25	0.5	0	0		1	6	25.00%
3	41	3.25	3.25		1.75	0.25	0.5	1	0		1	6	54.17%
4	43	5	5		1.75	0.25	0.5	1	0		1	6	83.33%
5	44	6.75	6.75		1.75	0.25	0.5	1	0		1	6	112.50%
6	45	10	10		3.25	0.25	0.5	1	1.5		2	12	83.33%
7	47	13.25	13.25		3.25	0.25	0.5	1	1.5		2	12	110.42%
8	48	16.5	16.5		3.25	0.25	0.5	1	1.5		2	12	137.50%
9	49	19.75	19.75		3.25	0.25	0.5	1	1.5		2	12	164.58%
10	49	23	23		3.25	0.25	0.5	1	1.5		2	12	191.67%
11	50	26.25	26.25		3.25	0.25	0.5	1	1.5		2	12	218.75%
12	51	29.5	29.5		3.25	0.25	0.5	1	1.5		2	12	245.83%
13	51	32.75	32.75		3.25	0.25	0.5	1	1.5		2	12	272.92%
14	52	36	36		3.25	0.25	0.5	1	1.5		2	12	300.00%
15	52	39.25	39.25		3.25	0.25	0.5	1	1.5		2	12	327.08%
16	53	42.5	42.5		3.25	0.25	0.5	1	1.5		2	12	354.17%
17	53	45.75	45.75		3.25	0.25	0.5	1	1.5		2	12	381.25%
18	53	49	49		3.25	0.25	0.5	1	1.5		2	12	408.33%
19	54	52.25	52.25		3.25	0.25	0.5	1	1.5		2	12	435.42%
20	54	55.5	55.5		3.25	0.25	0.5	1	1.5		2	12	462.50%
21	54	58.75	58.75		3.25	0.25	0.5	1	1.5		2	12	489.58%
22	55	62	62		3.25	0.25	0.5	1	1.5		2	12	516.67%
23	55	65.25	65.25		3.25	0.25	0.5	1	1.5		2	12	543.75%
24	55	68.5	68.5		3.25	0.25	0.5	1	1.5		2	12	570.83%
25	56	71.75	71.75		3.25	0.25	0.5	1	1.5		2	12	597.92%
26	56	75	75		3.25	0.25	0.5	1	1.5		2	12	625.00%
27	56	78.25	78.25		3.25	0.25	0.5	1	1.5		2	12	652.08%
28	57	81.5	81.5		3.25	0.25	0.5	1	1.5		2	12	679.17%
29	57	84.75	84.75		3.25	0.25	0.5	1	1.5		2	12	706.25%
30	57	88	88		3.25	0.25	0.5	1	1.5		2	12	733.33%

图 4-53

这里考虑的是将技能书装备上（让宠物装备满技能），对宠物技能的品质细分可根据设计的需求做具体细分，这里就不展开说明了。

◆ 洗练材料

洗练材料产耗如图 4-54 所示，工作表中各列代表的数据介绍如下。

- A 列为天数。

- B 列引用了之前图 4-31 中计算出来的升级等级。
- C 列为 F 列的累计数值。
- D 列为总计产出数，当前只有每日产出洗练材料数，所以其数值等于 C 列。
- G~J 列为副本系统产出的洗练材料数。
- L 列为预期养成宠物的数量。
- M 列为预期洗练属性的个数。
- N 列为预期的洗练次数。
- O 列为拥有洗练材料数与洗练材料需求数的比值。

A 天数	B 升级等级	C 每日累计	D 总计	F 每日	G 20本	H 25本	I 40本	J 45本	L 宝宝数量	M 属性个数	N 洗练所需次数	O
1	30	5	5	5	2	3	0	0	1	4	400	1.25%
2	37	10	10	5	2	3	0	0	1	4	400	2.50%
3	41	19	19	9	2	3	4	0	1	4	400	4.75%
4	43	28	28	9	2	3	4	0	1	4	400	7.00%
5	44	37	37	9	2	3	4	0	1	4	400	9.25%
6	45	51	51	14	2	3	4	5	2	8	800	6.38%
7	47	65	65	14	2	3	4	5	2	8	800	8.13%
8	48	79	79	14	2	3	4	5	2	8	800	9.88%
9	49	93	93	14	2	3	4	5	2	8	800	11.63%
10	49	107	107	14	2	3	4	5	2	8	800	13.38%
11	50	121	121	14	2	3	4	5	2	8	800	15.13%
12	51	135	135	14	2	3	4	5	2	8	800	16.88%
13	51	149	149	14	2	3	4	5	2	8	800	18.63%
14	52	163	163	14	2	3	4	5	2	8	800	20.38%
15	52	177	177	14	2	3	4	5	2	8	800	22.13%
16	53	191	191	14	2	3	4	5	2	8	800	23.88%
17	53	205	205	14	2	3	4	5	2	8	800	25.63%
18	53	219	219	14	2	3	4	5	2	8	800	27.38%
19	54	233	233	14	2	3	4	5	2	8	800	29.13%
20	54	247	247	14	2	3	4	5	2	8	800	30.88%
21	54	261	261	14	2	3	4	5	2	8	800	32.63%
22	55	275	275	14	2	3	4	5	2	8	800	34.38%
23	55	289	289	14	2	3	4	5	2	8	800	36.13%
24	55	303	303	14	2	3	4	5	2	8	800	37.88%
25	56	317	317	14	2	3	4	5	2	8	800	39.63%
26	56	331	331	14	2	3	4	5	2	8	800	41.38%
27	56	345	345	14	2	3	4	5	2	8	800	43.13%
28	57	359	359	14	2	3	4	5	2	8	800	44.88%
29	57	373	373	14	2	3	4	5	2	8	800	46.63%
30	57	387	387	14	2	3	4	5	2	8	800	48.38%

图 4-54

◆ 突变材料

突变材料产耗如图 4-55 所示，工作表中各列代表的数据介绍如下。

- A 列为天数。
- B 列引用了之前图 4-31 中计算出来的升级等级。
- C 列为 F 列的累计数值。

- D 列为总计产出数,当前只有每日产出突变材料数,所以其数值等于 C 列。
- G~J 列为副本系统产出的突变材料数。
- L 列为预期养成宠物的数量。
- M 列为宠物突变的概率。
- N 列为宠物可突变的最多次数(成功进化一次算作一次突变)。
- O 列为宠物需要的可突变次数。
- P 列为拥有突变材料数与突变材料需求数的比值。

A 天数	B 升级等级	C 每日累计	D 总计	F 每日	G 20本	H 25本	I 40本	J 45本	L 宝宝数量	M 突变概率	N 可突变次数	O 需要突变次数	P
1	30	10	10	10	4	6	0	0	1	0.1	10	100	10.00%
2	37	20	20	10	4	6	0	0	1	0.1	10	100	20.00%
3	41	38	38	18	4	6	8	0	1	0.1	10	100	38.00%
4	43	56	56	18	4	6	8	0	1	0.1	10	100	56.00%
5	44	74	74	18	4	6	8	0	1	0.1	10	100	74.00%
6	45	102	102	28	4	6	8	10	2	0.1	10	200	51.00%
7	47	130	130	28	4	6	8	10	2	0.1	10	200	65.00%
8	48	158	158	28	4	6	8	10	2	0.1	10	200	79.00%
9	49	186	186	28	4	6	8	10	2	0.1	10	200	93.00%
10	49	214	214	28	4	6	8	10	2	0.1	10	200	107.00%
11	50	242	242	28	4	6	8	10	2	0.1	10	200	121.00%
12	51	270	270	28	4	6	8	10	2	0.1	10	200	135.00%
13	51	298	298	28	4	6	8	10	2	0.1	10	200	149.00%
14	52	326	326	28	4	6	8	10	2	0.1	10	200	163.00%
15	52	354	354	28	4	6	8	10	2	0.1	10	200	177.00%
16	53	382	382	28	4	6	8	10	2	0.1	10	200	191.00%
17	53	410	410	28	4	6	8	10	2	0.1	10	200	205.00%
18	53	438	438	28	4	6	8	10	2	0.1	10	200	219.00%
19	54	466	466	28	4	6	8	10	2	0.1	10	200	233.00%
20	54	494	494	28	4	6	8	10	2	0.1	10	200	247.00%
21	54	522	522	28	4	6	8	10	2	0.1	10	200	261.00%
22	55	550	550	28	4	6	8	10	2	0.1	10	200	275.00%
23	55	578	578	28	4	6	8	10	2	0.1	10	200	289.00%
24	55	606	606	28	4	6	8	10	2	0.1	10	200	303.00%
25	56	634	634	28	4	6	8	10	2	0.1	10	200	317.00%
26	56	662	662	28	4	6	8	10	2	0.1	10	200	331.00%
27	56	690	690	28	4	6	8	10	2	0.1	10	200	345.00%
28	57	718	718	28	4	6	8	10	2	0.1	10	200	359.00%
29	57	746	746	28	4	6	8	10	2	0.1	10	200	373.00%
30	57	774	774	28	4	6	8	10	2	0.1	10	200	387.00%

图 4-55

5. 道具产耗

情义酒产耗如图 4-56 所示,工作表中各列代表的数据介绍如下。

- A 列表示天数。
- B 列引用了之前图 4-31 中计算出来的升级等级。
- C 列为一次性任务产出的情义酒数。

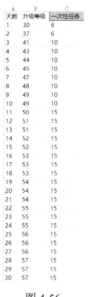

图 4-56

4.4 调整产耗投放

本节介绍如何对产耗投放进行调整,将从经验值调整、货币调整、装备调整、宝石调整、宠物调整、道具调整等方面进行介绍。

4.4.1 对经验值进行调整

在游戏的第一个版本中,前期升级速度有些快,这直接导致 20 本没有了需求,同样对应的 20 级装备的价值也不大了(第一天就已经升级到 30 级)。这样的设计我认为是不合理的,所以做出调整(在真实的项目中则视具体需求来进行调整)。

确认调整目标之后,首先要确定调整的预期值。我们预期第 1 天升级到 20 级,5 天升级到 30 级,10 天升级到 40 级,20 天升级到 50 级(在真实的项目中,一般会将最高等级需要的游戏时长作为设计依据。比如开放 60 级,升级到 60 级需要的时间为 3 个月。升级的速度要平滑,前期快一些,后期逐步变慢)。调整之后的设计如图 4-57 所示。

天数	升级等级	每日经验	累计每日经验	任务累计经验	每日累计经验	升级预期
	15					
1	20	91800	91800	117757	209557	20
2	23	115050	206850	131047	337897	
3	25	123900	330750	141097	471847	
4	28	151800	482550	159757	642307	
5	30	162150	644700	176059	820759	30
6	33	169050	813750	257713	1071463	
7	35	179400	993150	339613	1332763	
8	37	186300	1179450	449593	1629043	
9	39	193200	1372650	604933	1977583	
10	41	200100	1572750	808513	2381263	40
11	42	252000	1824750	945763	2770513	
12	43	256200	2080950	1113163	3194113	
13	44	260400	2341350	1311613	3652963	
14	45	264600	2605950	1542013	4147963	
15	46	332800	2938750	1805263	4744013	
16	47	338000	3276750	2102263	5379013	
17	48	343200	3619950	2433913	6053863	
18	48	348400	3968350	2433913	6402263	
19	49	348400	4316750	2801113	7117863	
20	50	353600	4670350	3204763	7875113	50
21	50	358800	5029150	3204763	8233913	
22	51	358800	5387950	3677263	9065213	
23	52	364000	5751950	4220413	9972363	
24	52	369200	6121150	4220413	10341563	
25	53	369200	6490350	4836013	11326363	
26	53	374400	6864750	4836013	11700763	
27	53	374400	7239150	4836013	12075163	
28	54	374400	7613550	5525863	13139413	
29	54	379600	7993150	5525863	13519013	
30	55	379600	8372750	6291763	14664513	

图 4-57

这里采用了调整升级所需经验值和不同任务占比的手段，通过提升经验值上限来达到控制升级速度的目的。调整不同任务占比的方法如下。（1）20 级之前，要保持大量投放一次性任务经验值，保证玩家第 1 天就可以升级到 20 级。（2）20 级到 30 级时，减少投放一次性任务经验值，因为此时可以开始获取重复经验值了，并会迎来升级加速期。由于要符合对升级速度的预期，所以在这里压制了一次性任务经验值的投放。（3）30 级之后，又加大投放一次性任务经验值，这样做还是为了符合对升级速度的预期。其实还可以通过加大投放 30 级之后每日经验值的方式来达到设计目的。但这两种设计的体验有所不同，若一次性任务的奖励多，会导致玩家升级后通过一次性任务获取大量的经验值，剩余所需的升级经验值会比较少，后续每日可获取的经验值较少。而对于加大投放每日经验值的方式，玩家升级后可获取的一次性任务奖励经验值不多，但后续每日可获取的经验值较多。调整之后的经验值产出情况如图 4-58 所示。

玩家等级	经验	杀怪数量	所需经验	修正值	最终经验	//累计经验	任务比例	任务经验	//累计经验	剩余总经验
1	100	4	400	0	400	400	110.0%	440	440	40
2	105	8	840	0	840	1240	110.0%	924	1364	124
3	110	16	1760	0	1760	3000	110.0%	1936	3300	300
4	115	24	2760	0	2760	5760	110.0%	3036	6336	576
5	120	32	3840	0	3840	9600	110.0%	4224	10560	960
6	125	40	5000	0	5000	14600	105.0%	5250	15810	1210
7	130	42	5460	0	5460	20060	105.0%	5733	21543	1483
8	135	44	5940	0	5940	26000	105.0%	6237	27780	1780
9	140	46	6440	0	6440	32440	105.0%	6762	34542	2102
10	145	48	6960	0	6960	39400	105.0%	7308	41850	2450
11	150	50	7500	0	7500	46900	100.0%	7500	49350	2450
12	155	52	8060	0	8060	54960	95.0%	7657	57007	2047
13	160	54	8640	0	8640	63600	95.0%	8208	65215	1615
14	165	56	9240	0	9240	72840	95.0%	8778	73993	1153
15	170	58	9860	0	9860	82700	90.0%	8874	82867	167
16	175	60	10500	0	10500	93200	80.0%	8400	91267	-1933
17	180	62	11160	16740	16740	109940	70.0%	7812	99079	-10861
18	185	64	11840	23680	23680	133620	60.0%	7104	106183	-27437
19	190	66	12540	31350	31350	164970	50.0%	6270	112453	-52517
20	195	68	13260	39780	39780	204750	40.0%	5304	117757	-86993
21	200	70	14000	42000	42000	246750	30.0%	4200	121957	-124793
22	205	72	14760	44280	44280	291030	30.0%	4428	126385	-164645
23	210	74	15540	46620	46620	337650	30.0%	4662	131047	-206603
24	215	76	16340	49020	49020	386670	30.0%	4902	135949	-250721
25	220	78	17160	51480	51480	438150	30.0%	5148	141097	-297053
26	225	80	18000	54000	54000	492150	30.0%	5400	146497	-345653
27	230	90	20700	62100	62100	554250	30.0%	6210	152707	-401543
28	235	100	23500	70500	70500	624750	30.0%	7050	159757	-464993
29	240	108	25920	77760	77760	702510	30.0%	7776	167533	-534977
30	245	116	28420	79576	79576	782086	30.0%	8526	176059	-606027

图 4-58

4.4.2 对货币进行调整

随着等级的调整，货币的产出情况也出现了相应的变化。

1. 铜币

我们期望铜币可以满足玩家的日常消耗需求，我们将 100 生命药水、100 魔法药水和 1 个情义酒视为玩家的日常消耗需求，制作装备所需的铜币则是额外消耗，鼓励玩家用银两兑换铜币来满足额外消耗的需求，如图 4-59 所示。

天数	升级等级	日常需求 100生命	100魔法	1情义酒	总计	累计	拥有/需求
	15						
1	20	50000	40000	0	90000	90000	1.55
2	23	50000	40000	0	90000	180000	0.95
3	25	50000	40000	0	90000	270000	0.82
4	28	50000	40000	200000	290000	560000	0.5
5	30	60000	48000	0	108000	668000	0.51
6	33	60000	48000	0	108000	776000	0.56
7	35	60000	48000	0	108000	884000	0.6
8	37	60000	48000	200000	308000	1192000	0.54
9	39	60000	48000	200000	308000	1500000	0.52
10	41	60000	48000	0	108000	1608000	0.62
11	42	60000	48000	0	108000	1716000	0.68
12	43	60000	48000	0	108000	1824000	0.75
13	44	60000	48000	0	108000	1932000	0.82
14	45	80000	64000	200000	344000	2276000	0.82
15	46	80000	64000	200000	344000	2620000	0.84
16	47	80000	64000	200000	344000	2964000	0.85
17	48	80000	64000	200000	344000	3308000	0.87
18	48	80000	64000	200000	344000	3652000	0.84
19	49	80000	64000	200000	344000	3996000	0.86
20	50	80000	64000	0	144000	4140000	0.93
21	50	80000	64000	0	144000	4284000	0.94
22	51	80000	64000	0	144000	4428000	1.01
23	52	80000	64000	0	144000	4572000	1.08
24	52	80000	64000	0	144000	4716000	1.09
25	53	80000	64000	200000	344000	5060000	1.11
26	53	80000	64000	200000	344000	5404000	1.08
27	53	80000	64000	200000	344000	5748000	1.05
28	54	80000	64000	200000	344000	6092000	1.08
29	54	80000	64000	200000	344000	6436000	1.06
30	55	80000	64000	200000	344000	6780000	1.09

图 4-59

情义酒的消耗要参考一次性任务给予的奖励（如 20 级时玩家累计可获得 3 个情义酒，那么前 3 天不需要购买情义酒，后续同理）。

从图 4-59 可以发现，从第 2 天开始到第 21 天，拥有的铜币数量满足不了需求。这里有一个问题，即我们并没有通过其他途径投放生命药水和魔法药水，所以可以考虑通过其他途径投放来补足这里的消耗（也有游戏会将药水消耗做到极低，不在药水上做消耗控制）。对铜币消耗的调整如图 4-60 所示。

天数	升级等级	总累计	单日产出	情义酒	总占比	每日占比	对应价格 生命药水	对应价格 魔法药水	总占比 生命药水	总占比 魔法药水	每日占比 生命药水	每日占比 魔法药水	对应价格 制作装备	总占比	每日占比
	15														
1	20	139908	139908	200000	142.95%	932.4%	500	400	0.3574%	0.2859%	2.3310%	1.8648%	0	0.0%	0.0%
2	23	170959	31051	200000	116.99%	865.8%	500	400	0.2925%	0.2340%	2.1645%	1.7316%	0	0.0%	0.0%
3	25	222184	51225	200000	90.02%	432.9%	500	400	0.2250%	0.1800%	1.0823%	0.8658%	0	0.0%	0.0%
4	28	280864	58680	200000	71.21%	405.3%	500	400	0.1780%	0.1424%	1.0132%	0.8105%	0	0.0%	0.0%
5	30	340465	59601	200000	58.74%	388.7%	600	480	0.1762%	0.1410%	1.1662%	0.9329%	200000	58.7%	388.7%
6	33	435892	95427	200000	45.88%	366.3%	600	480	0.1376%	0.1101%	1.0989%	0.8791%	200000	45.9%	366.3%
7	35	533542	97650	200000	37.49%	352.7%	600	480	0.1125%	0.0900%	1.0582%	0.8466%	200000	37.5%	352.7%
8	37	647332	113790	200000	30.90%	340.1%	600	480	0.0927%	0.0742%	1.0204%	0.8163%	200000	30.9%	340.1%
9	39	785902	138570	200000	25.45%	328.4%	600	480	0.0763%	0.0611%	0.9852%	0.7882%	200000	25.4%	328.4%
10	41	995692	209790	200000	20.09%	185.2%	600	480	0.0603%	0.0482%	0.5556%	0.4444%	300000	30.1%	277.8%
11	42	1174117	178425	200000	17.03%	182.1%	600	480	0.0511%	0.0409%	0.5464%	0.4372%	300000	25.6%	273.2%
12	43	1369417	195300	200000	14.60%	179.2%	600	480	0.0438%	0.0351%	0.5376%	0.4301%	300000	21.9%	268.8%
13	44	1582042	212625	200000	12.64%	176.4%	600	480	0.0379%	0.0303%	0.5291%	0.4233%	300000	19.0%	264.6%
14	45	1876442	294400	200000	10.66%	111.6%	800	640	0.0426%	0.0341%	0.4464%	0.3571%	300000	16.0%	167.4%
15	46	2190067	313625	200000	9.13%	109.9%	800	640	0.0365%	0.0292%	0.4396%	0.3516%	300000	13.7%	164.8%
16	47	2523367	333300	200000	7.93%	108.2%	800	640	0.0317%	0.0254%	0.4329%	0.3463%	300000	11.9%	162.3%
17	48	2876792	353425	200000	6.95%	106.6%	800	640	0.0278%	0.0222%	0.4264%	0.3412%	300000	10.4%	159.9%
18	48	3064392	187600	200000	6.53%	106.6%	800	640	0.0261%	0.0209%	0.4264%	0.3412%	300000	9.8%	159.9%
19	49	3438392	374000	200000	5.82%	105.0%	800	640	0.0233%	0.0186%	0.4202%	0.3361%	300000	8.7%	157.6%
20	50	3833417	395025	200000	5.22%	103.5%	800	640	0.0209%	0.0167%	0.4141%	0.3313%	400000	10.4%	207.0%
21	50	4026617	193200	200000	4.97%	103.5%	800	640	0.0199%	0.0159%	0.4141%	0.3313%	400000	9.9%	207.0%
22	51	4458867	432250	200000	4.49%	102.0%	800	640	0.0179%	0.0144%	0.4082%	0.3265%	400000	9.0%	204.1%
23	52	4929242	470375	200000	4.06%	100.6%	800	640	0.0162%	0.0130%	0.4024%	0.3219%	400000	8.1%	201.2%
24	52	5128042	198800	200000	3.90%	100.6%	800	640	0.0156%	0.0125%	0.4024%	0.3219%	400000	7.8%	201.2%
25	53	5637442	509400	200000	3.55%	99.2%	800	640	0.0142%	0.0114%	0.3968%	0.3175%	400000	7.1%	198.4%
26	53	5839042	201600	200000	3.43%	99.2%	800	640	0.0137%	0.0110%	0.3968%	0.3175%	400000	6.9%	198.4%
27	53	6040642	201600	200000	3.31%	99.2%	800	640	0.0132%	0.0106%	0.3968%	0.3175%	400000	6.6%	198.4%
28	54	6589967	549325	200000	3.03%	97.8%	800	640	0.0121%	0.0097%	0.3914%	0.3131%	400000	6.1%	195.7%
29	54	6794367	204400	200000	2.94%	97.8%	800	640	0.0118%	0.0094%	0.3914%	0.3131%	400000	5.9%	195.7%
30	55	7384517	590150	200000	2.71%	96.5%	800	640	0.0108%	0.0087%	0.3861%	0.3089%	400000	5.4%	193.1%

等级	价格 生命药水	价格 魔法药水
1	400	320
15	500	400
30	600	480
45	800	640
60	1000	800

等级	8件装备
1	0
10	0
20	0
30	200000
40	300000
50	400000
60	500000

图 4-60

2. 银两

对银两的调整也是与消耗挂钩的。在这里，我们不希望普通玩家和付费玩家的差异过大，但又希望付费玩家具有一定的优势，所以在爬塔模块的设计上我们适度地拉大了不同阶层玩家之间的产出比值（这里的数值并没有拉开得过大，主要是针对爬塔层数的预估比较保守，真实游戏中不同强度玩家的产出差异较大）。爬塔数值调整如图 4-61 所示。

层数	重复奖励	累计
1	1000	1000
2	1500	2500
3	2000	4500
4	2500	7000
5	3000	10000
6	3500	13500
7	4000	17500
8	4500	22000
9	5000	27000
10	5500	32500
11	6000	38500
12	6500	45000
13	7000	52000
14	7500	59500
15	8000	67500
16	8500	76000
17	9000	85000
18	9500	94500
19	10000	104500
20	10500	115000
21	11000	126000
22	11500	137500
23	12000	149500
24	12500	162000
25	13000	175000
26	13500	188500
27	14000	202500
28	14500	217000
29	15000	232000
30	15500	247500

天数	普通玩家 层数预估	小R玩家 层数预估	大R玩家 层数预估	普通玩家 单日	普通玩家 累计	小R玩家 单日	小R玩家 累计	大R玩家 单日	大R玩家 累计	大R/普通	小R/普通
1	10	12	15	32500	32500	45000	45000	67500	67500	207.7%	138.5%
2	11	13	16	38500	71000	52000	97000	76000	143500	202.1%	136.6%
3	12	14	17	45000	116000	59500	156500	85000	228500	197.0%	134.9%
4	13	15	18	52000	168000	67500	224000	94500	323000	192.3%	133.3%
5	14	16	19	59500	227500	76000	300000	104500	427500	187.0%	131.9%
6	15	17	20	67500	295000	85000	385000	115000	542500	183.9%	130.5%
7	16	18	21	76000	371000	94500	479500	126000	668500	180.2%	129.2%
8	17	19	22	85000	456000	104500	584000	137500	806000	176.8%	128.1%
9	18	20	23	94500	550500	115000	699000	149500	955500	173.6%	127.0%
10	19	21	24	104500	655000	126000	825000	162000	1117500	170.6%	126.0%
11	20	22	25	115000	770000	137500	962500	175000	1292500	167.9%	125.0%
12	21	23	26	126000	896000	149500	1112000	188500	1481000	165.3%	124.1%
13	22	24	27	137500	1033500	162000	1274000	202500	1683500	162.9%	123.3%
14	23	25	28	149500	1183000	175000	1449000	217000	1900500	160.7%	122.5%
15	24	26	29	162000	1345000	188500	1637500	232000	2132500	158.6%	121.7%
16	25	27	30	175000	1520000	202500	1840000	247500	2380000	156.6%	121.1%
17	26	28	31	188500	1708500	217000	2057000	263500	2643500	154.7%	120.4%
18	27	29	32	202500	1911000	232000	2289000	280000	2923500	153.0%	119.8%
19	28	30	33	217000	2128000	247500	2536500	297000	3220500	151.3%	119.2%
20	29	31	34	232000	2360000	263500	2800000	314500	3535000	149.8%	118.6%
21	30	32	35	247500	2607500	280000	3080000	332500	3867500	148.3%	118.1%
22	31	33	36	263500	2871000	297000	3377000	351000	4218500	146.9%	117.6%
23	32	34	37	280000	3151000	314500	3691500	370000	4588500	145.6%	117.2%
24	33	35	38	297000	3448000	332500	4024000	389500	4978000	144.4%	116.7%
25	34	36	39	314500	3762500	351000	4375000	409500	5387500	143.2%	116.3%
26	35	37	40	332500	4095000	370000	4745000	430000	5817500	142.1%	115.9%
27	36	38	41	351000	4446000	389500	5134500	451000	6268500	141.0%	115.5%
28	37	39	42	370000	4816000	409500	5544000	472500	6741000	140.0%	115.1%
29	38	40	43	389500	5205500	430000	5974000	494500	7235500	139.0%	114.8%
30	39	41	44	409500	5615000	451000	6425000	517000	7752500	138.1%	114.4%

图 4-61

调整完爬塔数值之后，再来对比一下银两的消耗。对银两消耗的调整如图 4-62 所示。

天数	等级	物品	银两	每日次数	满消耗				总计	普通玩家	小R玩家	大R玩家
					初级装备强化宝石	初级装备制作材料	1级宝石	宠物				
	15	初级装备强化宝石	20000	10	200000							
1	20	初级装备制作材料	20000	10	200000	200000	200000	100000	700000	0.4814	0.4993	0.5314
2	23	1级宝石	10000	20	200000	400000	400000	400000		1200000	0.3804	0.4021	0.4408
3	25	30级稀有宠物	100000			600000	600000	600000		1800000	0.3131	0.3356	0.3756
4	28	45级稀有宠物	200000			800000	800000	800000		2400000	0.2913	0.3146	0.3558
5	30	60级稀有宠物	300000			1000000	1000000	1000000		3000000	0.2743	0.2985	0.341
6	33					1200000	1200000	1200000	200000	3800000	0.257	0.2807	0.3221
7	35					1400000	1400000	1400000		4200000	0.2665	0.2924	0.3374
8	37					1600000	1600000	1600000		4800000	0.2651	0.2918	0.338
9	39					1800000	1800000	1800000		5400000	0.2659	0.2934	0.3409
10	41					2000000	2000000	2000000		6000000	0.2684	0.2968	0.3455
11	42					2200000	2200000	2200000		6600000	0.2691	0.2983	0.3483
12	43					2400000	2400000	2400000		7200000	0.2713	0.3013	0.3525
13	44					2600000	2600000	2600000		7800000	0.2746	0.3054	0.3579
14	45					2800000	2800000	2800000		8400000	0.279	0.3107	0.3644
15	46					3000000	3000000	3000000		9000000	0.2842	0.3167	0.3717
16	47					3200000	3200000	3200000		9600000	0.2902	0.3235	0.3798
17	48					3400000	3400000	3400000		10200000	0.2969	0.331	0.3885
18	48					3600000	3600000	3600000		10800000	0.3022	0.3372	0.396
19	49					3800000	3800000	3800000		11400000	0.3101	0.3459	0.4059
20	50					4000000	4000000	4000000		12000000	0.3185	0.3551	0.4164
21	50					4200000	4200000	4200000		12600000	0.3257	0.3632	0.4257
22	51					4400000	4400000	4400000		13200000	0.335	0.3733	0.4371
23	52					4600000	4600000	4600000		13800000	0.3447	0.3839	0.4489
24	52					4800000	4800000	4800000		14400000	0.3535	0.3935	0.4597
25	53					5000000	5000000	5000000		15000000	0.364	0.4049	0.4724
26	53					5200000	5200000	5200000		15600000	0.3737	0.4153	0.4841
27	53					5400000	5400000	5400000		16200000	0.3837	0.4262	0.4962
28	54					5600000	5600000	5600000		16800000	0.3954	0.4387	0.51
29	54					5800000	5800000	5800000		17400000	0.4062	0.4504	0.5229
30	55					6000000	6000000	6000000		18000000	0.4186	0.4636	0.5374

图 4-62

银两的消耗与铜币的消耗不同，我们会将银两的渴求度设计得更大一些，这样玩家会更有动力用元宝兑换银两（还可能产生一种反作用，那就是刺激玩家用元宝购买道具，因为获取银两较消耗时间，直接用元宝购买更方便）。

还有一些游戏会在前期投放大量银两，这样玩家在游戏前期的体验会非常好，想买什么买什么。但随着银两产出逐步减少，消耗逐步增大，最终消耗会大于产出。

另外，在这里也要考虑每日产出和每日消耗的对比，尽量把每日产出控制在每日消耗之下，不然银两会随着时间过量积压。

3. 抽奖货币

我们对用抽奖货币单次抽奖获得奖励价值的预期在 55 元宝左右，如图 4-63 所示。

对应奖项	数量	对应等价物	等价物数量	对应元宝价值	对应元宝总价值	对应概率	单次抽奖对应元宝
初级装备强化宝石	1	初级装备强化宝石	1	10	10	10%	54.8
高级装备强化宝石	1	高级装备强化宝石	1	20	20	5%	
装备重铸材料	1	装备重铸材料	1	10	10	6%	
装备洗练材料	1	装备洗练材料	1	20	20	6%	
初级装备制作材料	1	初级装备制作材料	1	5	5	10%	
高级装备制作材料	1	高级装备制作材料	1	10	10	5%	
2级宝石	1	1级宝石	3	20	60	10%	
3级宝石	1	1级宝石	9	20	180	5%	
宠物洗练材料	1	宠物洗练材料	1	20	20	5%	
宠物突变材料	1	宠物突变材料	1	20	20	5%	
银两	10000	银两	1	100	100	33.0%	

图 4-63

这里的设计略显粗糙，真实游戏中可能会有更复杂的需求，对奖项的设计也更为精细，一般会做"鱼饵"奖项（就是看着很吸引人但非常难以获取的奖项），以及设计针对抽奖的充值档位等。数值策划必须算好投入和产出的价值，不然会造成过度投放或投放的资源无吸引力等问题。

4.4.3 对装备进行调整

下面对装备进行调整，包括装备需求、强化、制作、重铸、洗练等方面。

1. 装备需求调整

之前由于升级过快，因此在前期副本系统中对装备的获取需求较弱。调整之后，对装备的需求变得更为均衡（由于玩家想获取更好的装备，所以他在每个副本系统上花费的时间会更多），如图 4-64 所示。

	A	B	C	D	E	F	G	H	I	J
				掉落件数->	1	2	3	4		
				概率->	25%蓝75%黄	25%蓝50%黄25%紫	40%蓝40%黄20%紫	40%蓝50%黄10%紫		
	天数	等级	一次性任务		20本	25本	40本	45本	装备情况	装备制作
	1	20	20蓝8件	0.75					20蓝8件	
	2	23		0.75					20蓝7件+20黄1件	
	3	25		0.75	0.5				20蓝6件+20黄2件	
	4	28		0.75	0.5				20蓝5件+20黄3件	
	5	30	30蓝8件	装备转换	0.5				30蓝3件+30黄3件+30紫1件	
	6	33		装备转换	0.5				30蓝2件+30黄4件+30紫2件	
	7	35		装备转换	0.5				30蓝1件+30黄5件+30紫2件	
	8	37		装备转换	0.5				30黄6件+30紫2件	
	9	39		装备转换	0.5				30黄6件+30紫3件	
	10	41	40蓝8件	装备转换	0.5	0.2			40蓝4件+30紫4件	
	11	42		装备转换	0.5	0.2			40蓝3件+40黄1件+30紫5件	
	12	43		装备转换	0.5	0.2			40蓝2件+40黄2件+30紫5件	
	13	44		装备转换	0.5	0.2			40蓝2件+40黄1件+30紫5件	
	14	45		装备转换	0.5	0.2	0.2		40蓝1件+40黄6件+40紫1件	
	15	46		装备转换	0.5	0.2	0.2		40黄1件+30黄6件+40紫1件	
	16	47		装备转换	0.5	0.2	0.2		30紫7件+40紫1件	
	17	48		装备转换	装备转换	0.2	0.2		30紫6件+40紫1件	
	18	48		装备转换	装备转换	0.2	0.2		30紫7件+40紫1件	
	19	49		装备转换	装备转换	0.2	0.2			
	20	50	50蓝8件	装备转换	装备转换	0.2	0.2		40紫2件+50黄5件+50紫1件	有制作50紫装需求
	21	50		装备转换	装备转换	0.2	0.2		40紫4件+50黄5件+50紫1件	有制作50紫装需求
	22	51		装备转换	装备转换	0.2	0.2		40紫4件+50黄5件+50紫1件	有制作50紫装需求
	23	52		装备转换	装备转换	0.2	0.2		40紫4件+50黄4件+50紫2件	有制作50紫装需求
	24	52		装备转换	装备转换	0.2	0.2		40紫3件+50黄3件+50紫2件	有制作50紫装需求
	25	53		装备转换	装备转换	0.2	0.2		40紫3件+50黄3件+50紫2件	有制作50紫装需求
	26	53		装备转换	装备转换	0.2	0.2		40紫3件+50黄3件+50紫2件	有制作50紫装需求
	27	53		装备转换	装备转换	0.2	0.2		40紫3件+50黄3件+50紫2件	有制作50紫装需求
	28	54		装备转换	装备转换	0.2	0.2		40紫4件+50黄1件+50紫3件	有制作50紫装需求
	29	54		装备转换	装备转换	0.2	0.2		40紫4件+50黄1件+50紫3件	有制作50紫装需求
	30	55		装备转换	装备转换	0.2	0.2		40紫4件+50黄1件+50紫3件	有制作50紫装需求

图 4-64

相信大家可以通过图 4-64 看出这里的装备替换规则，装备价值从大到小为：同等级紫色装备 > 低一等级紫色装备 > 同等级黄色装备。

2. 强化装备

目前主流游戏会在游戏前期保证玩家可以将装备强化到当前等级对应的最大值，这样我们之前设计的宝石投放与消耗都不太合理，因为无法保证装备强化到当前等级对应的最大值。调整之后的强化装备的消耗如图 4-65 所示。

调整之后的初级强化宝石数在前 5 天能满足对应玩家角色等级所需的消耗，过了 5 天之后对初级强化宝石的消耗逐步增加，这时玩家对初级强化宝石的需求也会增加，再进一步就是将付费因素的影响也考虑进来，这样可以更好地控制付费深度（付费深度指付费可研究、可挖掘的深入程度）。

强化等级	消耗初级	消耗高级	初级累计总消耗	高级累计总消耗	天数	升级等级	初级	高级	拥有初级	初级比例	拥有高级	高级比例
1	1		8	0	1	20	160	0	158	98.75%	0	0.00%
2	1		16	0	2	23	208	0	166	79.81%	0	0.00%
3	1		24	0	3	25	240	0	184	76.67%	0	0.00%
4	1		32	0	4	28	312	0	202	64.74%	0	0.00%
5	1		40	0	5	30	360	0	370	102.78%	0	0.00%
6	1		48	0	6	33	456	24	388	85.09%	0	0.00%
7	1		56	0	7	35	520	40	406	78.08%	0	0.00%
8	1		64	0	8	37	600	72	424	70.67%	0	0.00%
9	1		72	0	9	39	680	104	442	65.00%	0	0.00%
10	1		80	0	10	41	768	144	672	87.50%	10	6.94%
11	1		88	0	11	42	824	168	702	85.19%	10	5.95%
12	1		96	0	12	43	888	192	732	82.43%	10	5.21%
13	1		104	0	13	44	960	216	762	79.38%	10	4.63%
14	1		112	0	14	45	1040	240	807	77.60%	10	4.17%
15	1		120	0	15	46	1128	272	852	75.53%	10	3.68%
16	1		128	0	16	47	1224	304	897	73.28%	10	3.29%
17	1		136	0	17	48	1328	336	942	70.93%	10	2.98%
18	1		144	0	18	48	1328	336	987	74.32%	10	2.98%
19	1		152	0	19	49	1440	368	1032	71.67%	10	2.72%
20	1		160	0	20	50	1560	400	1377	88.27%	10	2.50%
21	2		176	0	21	50	1560	400	1422	91.15%	10	2.50%
22	2		192	0	22	51	1688	440	1467	86.91%	10	2.27%
23	2		208	0	23	52	1824	480	1512	82.89%	10	2.08%
24	2		224	0	24	52	1824	480	1557	85.36%	10	2.08%
25	2		240	0	25	53	1968	520	1602	81.40%	10	1.92%
26	3		264	0	26	53	1968	520	1647	83.69%	10	1.92%
27	3		288	0	27	53	1968	520	1692	85.98%	10	1.92%
28	3		312	0	28	54	2120	560	1737	81.93%	10	1.79%
29	3		336	0	29	54	2120	560	1782	84.06%	10	1.79%
30	3		360	0	30	55	2280	600	1827	80.13%	10	1.67%

图 4-65

想达成上述设计目的，我们需要对一次性任务中奖励的初级装备强化宝石数量进行调整，如图 4-66 所示。

等级	经验	铜币	初级装备强化宝石
10	7308	8039	50
11	7500	7875	
12	7657	8040	
13	8208	8618	
14	8778	9217	
15	8874	9318	
16	8400	7560	
17	7812	6640	
18	7104	5683	
19	6270	4703	
20	5304	3713	100
21	4200	2730	
22	4428	2657	
23	4662	2564	
24	4902	2451	
25	5148	2574	
26	5400	2700	
27	6210	3105	
28	7050	3525	
29	7776	3888	
30	8526	4263	150

图 4-66

3. 制作装备

在我看来，之前设计的装备制作材料投放是可以的，所以这里不做修改（但由于升级速度改变了，所以还是与之前的数值略有区别），如图4-67所示。

A 等级	B 需求初级	C 需求高级	D 天数	E 升级等级	F 初级	G 高级	H	I 30	J 40	K 50	L 60级初级	M 60级高级	N
30	40	0	1	20	0	0		0	0	0	0	0	
40	80	0	2	23	0	0		0	0	0	0	0	
50	160	0	3	25	0	0		0	0	0	0	0	
60	240	20	4	28	0	0		0	0	0	0	0	
			5	30	50	0		1.25	0.63	0.31	0.21	0	
			6	33	50	0		1.25	0.63	0.31	0.21	0	
			7	35	50	0		1.25	0.63	0.31	0.21	0	
			8	37	50	0		1.25	0.63	0.31	0.21	0	
			9	39	50	0		1.25	0.63	0.31	0.21	0	
			10	41	150	0		3.75	1.88	0.94	0.63	0	
			11	42	150	0		3.75	1.88	0.94	0.63	0	
			12	43	150	0		3.75	1.88	0.94	0.63	0	
			13	44	150	0		3.75	1.88	0.94	0.63	0	
			14	45	150	0		3.75	1.88	0.94	0.63	0	
			15	46	150	0		3.75	1.88	0.94	0.63	0	
			16	47	150	0		3.75	1.88	0.94	0.63	0	
			17	48	150	0		3.75	1.88	0.94	0.63	0	
			18	48	150	0		3.75	1.88	0.94	0.63	0	
			19	49	150	0		3.75	1.88	0.94	0.63	0	
			20	50	300	0		7.5	3.75	1.88	1.25	0	
			21	50	300	0		7.5	3.75	1.88	1.25	0	
			22	51	300	0		7.5	3.75	1.88	1.25	0	
			23	52	300	0		7.5	3.75	1.88	1.25	0	
			24	52	300	0		7.5	3.75	1.88	1.25	0	
			25	53	300	0		7.5	3.75	1.88	1.25	0	
			26	53	300	0		7.5	3.75	1.88	1.25	0	
			27	53	300	0		7.5	3.75	1.88	1.25	0	
			28	54	300	0		7.5	3.75	1.88	1.25	0	
			29	54	300	0		7.5	3.75	1.88	1.25	0	
			30	55	300	0		7.5	3.75	1.88	1.25	0	

图 4-67

材料的投放设计整体上偏保守，基本可以保障玩家在达到一定的等级时可以打造一件同等级的紫色装备（这里没有考虑铜币的消耗，因为打造装备时主要会对材料有需求）。

4. 重铸装备

重铸装备的次数与系统设计联系得较为紧密。一般来说，重铸出一条带攻击或生命属性的词条是较为容易的，重铸10次左右可以出现1条（但在特殊设计情况下不保证能达到）。而重铸出双攻属性是较为困难的。在真实的设计工作中，我们会对所有可能出现的结果进行估计，然后根据可能出现的组合来做玩家策略预估，最后根据预估来判断产耗情况。

5. 洗练装备

在后续章节的 VBA 模拟中有关于洗练装备的模拟，大家可以结合模拟结果来决定如何设计预期值。

4.4.4 对宝石进行调整

对宝石的投放设计也维持之前的数值，如图 4-68 所示。

天数	升级等级	一次性任务	单件装备可镶嵌宝石	宝石数	1级	2级	3级	4级	5级	6级	7级	8级	9级
1	20	15	3	24	0.63	0.21	0.07	0.02	0.01	0	0	0	0
2	23	15	3	24	0.63	0.21	0.07	0.02	0.01	0	0	0	0
3	25	20	4	32	0.63	0.21	0.07	0.02	0.01	0	0	0	0
4	28	20	4	32	0.63	0.21	0.07	0.02	0.01	0	0	0	0
5	30	25	4	32	0.78	0.26	0.09	0.03	0.01	0	0	0	0
6	33	25	4	32	0.78	0.26	0.09	0.03	0.01	0	0	0	0
7	35	30	4	32	0.94	0.31	0.1	0.03	0.01	0	0	0	0
8	37	30	4	32	0.94	0.31	0.1	0.03	0.01	0	0	0	0
9	39	30	4	32	0.94	0.31	0.1	0.03	0.01	0	0	0	0
10	41	35	4	32	1.09	0.36	0.12	0.04	0.01	0	0	0	0
11	42	35	4	32	1.09	0.36	0.12	0.04	0.01	0	0	0	0
12	43	35	4	32	1.09	0.36	0.12	0.04	0.01	0	0	0	0
13	44	35	4	32	1.09	0.36	0.12	0.04	0.01	0	0	0	0
14	45	40	4	32	1.25	0.42	0.14	0.05	0.02	0	0	0	0
15	46	40	4	32	1.25	0.42	0.14	0.05	0.02	0	0	0	0
16	47	40	4	32	1.25	0.42	0.14	0.05	0.02	0	0	0	0
17	48	40	4	32	1.25	0.42	0.14	0.05	0.02	0	0	0	0
18	48	40	4	32	1.25	0.42	0.14	0.05	0.02	0	0	0	0
19	49	40	4	32	1.25	0.42	0.14	0.05	0.02	0	0	0	0
20	50	45	4	32	1.41	0.47	0.16	0.05	0.02	0	0	0	0
21	50	45	4	32	1.41	0.47	0.16	0.05	0.02	0	0	0	0
22	51	45	4	32	1.41	0.47	0.16	0.05	0.02	0	0	0	0
23	52	45	4	32	1.41	0.47	0.16	0.05	0.02	0	0	0	0
24	52	45	4	32	1.41	0.47	0.16	0.05	0.02	0	0	0	0
25	53	45	4	32	1.41	0.47	0.16	0.05	0.02	0	0	0	0
26	53	45	4	32	1.41	0.47	0.16	0.05	0.02	0	0	0	0
27	53	45	4	32	1.41	0.47	0.16	0.05	0.02	0	0	0	0
28	54	45	4	32	1.41	0.47	0.16	0.05	0.02	0	0	0	0
29	54	45	4	32	1.41	0.47	0.16	0.05	0.02	0	0	0	0
30	55	50	4	32	1.56	0.52	0.17	0.06	0.02	0	0	0	0

图 4-68

投放的宝石数量应尽量满足玩家将所有装备镶嵌上最初级宝石并略有盈余的要求。这样玩家就有动力将宝石不断地从初级变为高级，或是用属性更好的宝石代替原有宝石（也可以设计成宝石数量略低于插槽数量，总之初级宝石还是很容易获取的，但高级宝石比较难以获取）。

4.4.5 对宠物进行调整

下面对宠物进行调整,包括技能书、洗练、突变等方面。

1. 技能书

技能书的投放数值如图 4-69 所示。

天数	升级等级	每日累计	总计	每日	20本	25本	40本	45本	宝宝数量	技能书需求	
1	20	0.25	0.25	0.25	0.25	0	0	0	1	6	4.17%
2	23	0.5	0.5	0.25	0.25	0	0	0	1	6	8.33%
3	25	1.25	1.25	0.75	0.25	0.5	0	0	1	6	20.83%
4	28	2	2	0.75	0.25	0.5	0	0	1	6	33.33%
5	30	2.75	2.75	0.75	0.25	0.5	0	0	1	6	45.83%
6	33	3.5	3.5	0.75	0.25	0.5	0	0	2	12	29.17%
7	35	4.25	4.25	0.75	0.25	0.5	0	0	2	12	35.42%
8	37	5	5	0.75	0.25	0.5	0	0	2	12	41.67%
9	39	5.75	5.75	0.75	0.25	0.5	0	0	2	12	47.92%
10	41	7.5	7.5	1.75	0.25	0.5	1	0	2	12	62.50%
11	42	9.25	9.25	1.75	0.25	0.5	1	0	2	12	77.08%
12	43	11	11	1.75	0.25	0.5	1	0	2	12	91.67%
13	44	12.75	12.75	1.75	0.25	0.5	1	0	2	12	106.25%
14	45	16	16	3.25	0.25	0.5	1	1.5	2	12	133.33%
15	46	19.25	19.25	3.25	0.25	0.5	1	1.5	2	12	160.42%
16	47	22.5	22.5	3.25	0.25	0.5	1	1.5	2	12	187.50%
17	48	25.75	25.75	3.25	0.25	0.5	1	1.5	2	12	214.58%
18	48	29	29	3.25	0.25	0.5	1	1.5	2	12	241.67%
19	49	32.25	32.25	3.25	0.25	0.5	1	1.5	2	12	268.75%
20	50	35.5	35.5	3.25	0.25	0.5	1	1.5	2	12	295.83%
21	50	38.75	38.75	3.25	0.25	0.5	1	1.5	2	12	322.92%
22	51	42	42	3.25	0.25	0.5	1	1.5	2	12	350.00%
23	52	45.25	45.25	3.25	0.25	0.5	1	1.5	2	12	377.08%
24	52	48.5	48.5	3.25	0.25	0.5	1	1.5	2	12	404.17%
25	53	51.75	51.75	3.25	0.25	0.5	1	1.5	2	12	431.25%
26	53	55	55	3.25	0.25	0.5	1	1.5	2	12	458.33%
27	53	58.25	58.25	3.25	0.25	0.5	1	1.5	2	12	485.42%
28	54	61.5	61.5	3.25	0.25	0.5	1	1.5	2	12	512.50%
29	54	64.75	64.75	3.25	0.25	0.5	1	1.5	2	12	539.58%
30	55	68	68	3.25	0.25	0.5	1	1.5	2	12	566.67%

图 4-69

我们在这里对技能书所做的产耗设计较为简单。在实际工作中,技能书一般都拥有品质,并且可以升级。大家可参考之前的设计,将技能书的设计进一步细化。

2. 洗练

洗练的原理都是一致的,可参考后续章节 VBA 模拟中的案例。

3. 突变

之前投放的突变材料过多，在这里我们进行了调整，如图 4-70 所示。

天数	升级等级	每日累计	总计	每日	20本	25本	40本	45本	宝宝数量	突变概率	可突变次数	需要突变次数	
1	20	1	1	1	0	0	0	0	1	0.1	10	100	1.00%
2	23	2	2	1	0	0	0	0	1	0.1	10	100	2.00%
3	25	5	5	3	1	2	0	0	1	0.1	10	100	5.00%
4	28	8	8	3	1	2	0	0	1	0.1	10	100	8.00%
5	30	11	11	3	1	2	0	0	1	0.1	10	100	11.00%
6	33	14	14	3	1	2	0	0	2	0.1	10	200	7.00%
7	35	17	17	3	1	2	0	0	2	0.1	10	200	8.50%
8	37	20	20	3	1	2	0	0	2	0.1	10	200	10.00%
9	39	23	23	3	1	2	0	0	2	0.1	10	200	11.50%
10	41	29	29	6	1	2	3	0	2	0.1	10	200	14.50%
11	42	35	35	6	1	2	3	0	2	0.1	10	200	17.50%
12	43	41	41	6	1	2	3	0	2	0.1	10	200	20.50%
13	44	47	47	6	1	2	3	0	2	0.1	10	200	23.50%
14	45	57	57	10	1	2	3	4	2	0.1	10	200	28.50%
15	46	67	67	10	1	2	3	4	2	0.1	10	200	33.50%
16	47	77	77	10	1	2	3	4	2	0.1	10	200	38.50%
17	48	87	87	10	1	2	3	4	2	0.1	10	200	43.50%
18	48	97	97	10	1	2	3	4	2	0.1	10	200	48.50%
19	49	107	107	10	1	2	3	4	2	0.1	10	200	53.50%
20	50	117	117	10	1	2	3	4	2	0.1	10	200	58.50%
21	50	127	127	10	1	2	3	4	2	0.1	10	200	63.50%
22	51	137	137	10	1	2	3	4	2	0.1	10	200	68.50%
23	52	147	147	10	1	2	3	4	2	0.1	10	200	73.50%
24	52	157	157	10	1	2	3	4	2	0.1	10	200	78.50%
25	53	167	167	10	1	2	3	4	2	0.1	10	200	83.50%
26	53	177	177	10	1	2	3	4	2	0.1	10	200	88.50%
27	53	187	187	10	1	2	3	4	2	0.1	10	200	93.50%
28	54	197	197	10	1	2	3	4	2	0.1	10	200	98.50%
29	54	207	207	10	1	2	3	4	2	0.1	10	200	103.50%
30	55	217	217	10	1	2	3	4	2	0.1	10	200	108.50%

图 4-70

我们希望玩家通过自己不断积累材料来将宠物突变至当前等级最大值，如果你不希望得到这个结果，那么也可以通过调整副本系统产出的资源或宠物突变需要的次数（O 列中的值）来达到目的。

4.4.6 对道具进行调整

情义酒的产出量会对铜币的消耗产生抑制作用（系统赠送了情义酒之后，玩家就暂时没用铜币兑换情义酒的需求了），所以在赠送道具时，一定要考虑对原有自然产耗的影响。在实际项目中，要对所有重要道具都进行单独的产耗设计。

总结：

我想说明一下，我在本书中都使用的是简单的案例来进行讲解，不少人对这样的安排不理解，我这样做的原因有两点。

一、新人更容易上手简单案例。

二、复杂案例不具备通用性，我也不希望书中出现误导读者的内容。

在《平衡掌控者——游戏数值战斗设计》一书出版之后，我发现不少读者按部就班、照葫芦画瓢地设计自己游戏中的数值，而这并不是我的本意，我更希望提供给读者一种解题思路，而不是所有题都按一种方式解答，并且书中的简单案例不能完全满足目前市面上主流游戏的设计需求。

第 5 章

VBA 模拟案例

本章将给出两个 VBA 模拟案例，分别是洗点系统成长模拟案例和简易 RPG（角色扮演类游戏）行为模拟案例。

5.1 洗点系统成长模拟案例

关于洗点系统，下面将从系统概述、规则与数据概述、变量介绍、程序解析、模拟用途等方面进行介绍。

5.1.1 系统概述

洗点系统是 MMORPG 中一个非常常见的系统。早期的很多 MMORPG 都有加点系统，属性值除了通过升级自动提升（根据职业有所不同）外，玩家也可以自行配置一部分属性值，如图 5-1 所示。

图 5-1

当玩家不满意加点结果时，可以选择洗点方式来重置自己的加点。这种洗点方式只是一个重置功能，并不是一个系统，不过业内有时候不会分得那么清，所以需要结合语境来确定其具体含义，这有点像一词多义。

不得不说加点系统的本意是好的，它希望玩家可以通过对属性值的细致配置来达到同一职业的角色也有细分差别的设计目的。但随着游戏大环境的变化，MMORPG中的人物角色基础属性值在总属性值中的占比越来越小，到最后大部分游戏几乎都将人物角色基础属性值压制到总属性值的 5% 左右了。这就导致加点策略对最终人物角色定位的影响力几乎是微乎其微的，所以大部分游戏也就渐渐放弃做加点系统了。

那么为什么人物角色基础属性值会被压制得如此厉害呢？其实这是一个连锁反应，入行比较早的人都知道，MMORPG 曾由时长式收费转变为道具式收费。在时长式收费方式下，等级的提升几乎就相当于用时长换取的，为了让玩家尽量长时间玩游戏，自然会将由时长可换取的属性价值设置得多一些。但在过渡到道具式收费方式后，这一切就都改变了，等级的提升用时长换取，但时长并不能给研发商（也包括运营商）带来巨大的收益，所以这时候大家开始转变设计思路，将更多的属性价值放在了能产生收益的系统中。**这种设计分析能力非常重要，大家一定要多多思考，这对数值策划来说非常重要。**

再回到加点系统，其实就算收费方式没有转变，我个人也觉得加点系统存在一些问题。

（1）加点属性是固定的，前期效果可能明显，但后期效果会慢慢变得不明显。

（2）加点策略过于复杂，经常会出现 5 种属性按配比加点的策略，玩家也很难理解。

（3）最终的加点策略会沦为几种流派，太过自由的加点策略明显没什么必要。

我上面说的这些问题，业内人士早已意识到，慢慢地大家开始把加点策略融合到了天赋系统中。天赋系统其实也是 MMORPG 中常见的系统，但最早期其主要影响的是技能相关因素，后期天赋系统与加点策略融合之后，天赋系统就更具策略性了，如图 5-2 所示。

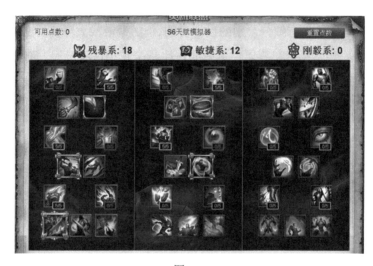

图 5-2

加点系统慢慢地也演变成了洗点系统，洗点系统和加点系统的对比如下。

（1）洗点和加点都是由人物角色升级所产生的。

（2）洗点和加点都是有上限的。

（3）加点本身没有消耗，但重置需要消耗货币。每次洗点则都要消耗货币。

（4）加点是有策略的，因为前提是玩家已经拥有了属性值。洗点几乎是无策略的，因为每次洗点相当于玩家额外获得了属性值。

5.1.2　规则与数据概述

根据不同的设计目的，也会有不同种类的洗点系统。下面将介绍一种更接近于培养模式的洗点系统。

这种洗点系统有如下特点。

（1）洗点上限会随着人物角色等级的提升而成长。

（2）有多种洗点系统，相当于不同的"骰子"。

（3）洗点的难易程度及花费一般也会随着等级的提升而成长。

（4）洗点洗出来的属性值是增加的，并不是转移原有属性值。

下面来看看数据表的构成，如图 5-3 所示，工作表中各列代表的数据介绍如下。

- A 列为英雄等级，图 5-3 中截取了前 20 级，表格中的实际数据有 60 级。
- B 列为原始成长系数，用于生成后续的 hp、att、def 数据。为了方便说明，这里使用的是线性成长，真实情况请大家结合自己的游戏需求设定。
- C 列为金矿消耗，这是我做过的一个项目的名称，其本质就是游戏中产出的基础游戏金币。
- D 列为水晶消耗，其本质就是人民币充值代币。
- E 列为下调系数，这是本案例的一个特色。我们会根据属性值是否超过下调系数来决定用哪种骰子生成随机数据。这里的设计目的是，当玩家在属性值低于下调系数的时候，让玩家感觉洗点是在增加的，觉得系统偏向玩家。暂时不理解此处的设计也没关系，完整地看完本案例后再想想。
- F、G、H 列是 hp、att、def 数据，是根据 B 列和图中右上角的 3 个系数计算出来的举例数据。

	A	B	C	D	E	F	G	H	I	J	K	L
1	英雄等级	原始成长	金币消耗	水晶消耗	下调系数					hp成长系数	攻击成长系数	防御成长系数
2	level	maxradnum	trainpay1	trainpay2	trainreducenum	hp	att	def		hpcri	attcri	defcri
3	1	25	100	0	12	100	75	50		4	3	2
4	2	30	100	0	14	120	90	60				
5	3	35	100	0	16	140	105	70				
6	4	40	100	0	19	160	120	80				
7	5	45	100	0	21	180	135	90				
8	6	50	100	0	24	200	150	100				
9	7	55	100	0	26	220	165	110				
10	8	60	100	0	28	240	180	120				
11	9	65	100	0	31	260	195	130				
12	10	70	200	0	33	280	210	140				
13	11	75	200	0	36	300	225	150				
14	12	80	200	0	38	320	240	160				
15	13	85	200	0	40	340	255	170				
16	14	90	200	0	43	360	270	180				
17	15	95	200	0	45	380	285	190				
18	16	100	200	0	48	400	300	200				
19	17	105	200	0	50	420	315	210				
20	18	110	200	0	52	440	330	220				
21	19	115	200	0	55	460	345	230				
22	20	120	400	0	57	480	360	240				

图 5-3

另外，第 2 行的英文字段名仅供参考，一般来说优先采用中文对应的英文翻译名简写，如果没有合适的翻译名则可自行命名。

接下来看看模拟数据，如图 5-4 所示，工作表中各列代表的数据介绍如下。

- F2 单元格为当前等级，这个数值是可调控的，它会影响下调系数、单次消耗金币数（金币与前面说到的金矿是一种资源）及攻防血的最大值。
- G2、H2 单元格为通过等级查询出来的下调系数和单次消耗金币数。
- I2 单元格记录了总共消耗的金币数，这个数值是通过 VBA 计算出来的。
- J2 单元格记录了总共洗点的次数，这个数值也是通过 VBA 计算出来的。
- G7:G9 单元格区域记录了攻防血的当前值。
- H7:H9 单元格区域记录了洗点后的攻防血值。
- I7:I9 单元格区域则对比了当前值和本次随机值，这样可以方便玩家看出属性值是上升了还是下降了。

图 5-4

我们从右往左看，4 个按钮分别代表 4 个功能，具体功能后续介绍。

细心的读者是不是早就发现了好像缺点什么？大家仔细看会发现单元格是从 F 列开始的，而不是从常见的 A 列开始的，这是怎么回事呢？一般情况下，这是因为隐藏了之前的列。大家可以选中整个表格，如图 5-5 所示。

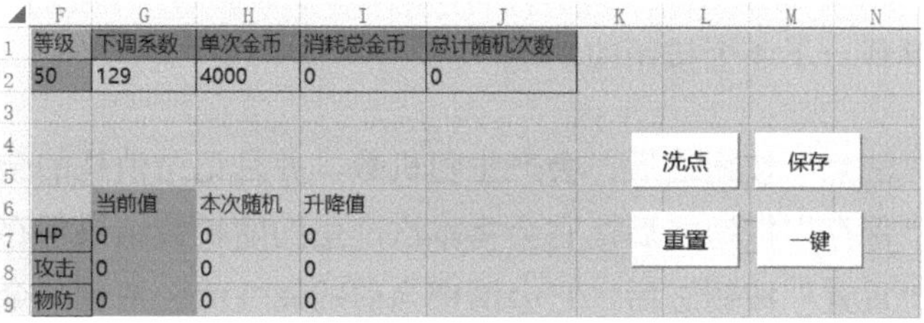

图 5-5

看见左上角的三角标记了吧，将鼠标放在 F 列和三角标志的交界处，鼠标形状会变为<-||->，如图 5-6 所示。

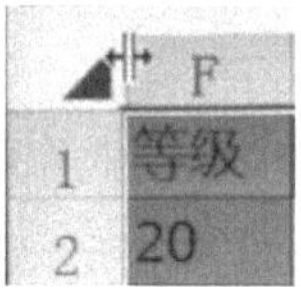

图 5-6

这时候单击鼠标右键，在弹出的快捷菜单中选择"取消隐藏"命令。千万要在鼠标形状如图 5-6 所示的样子的时候去选择"取消隐藏"命令，不然操作无效。然后就能看到隐藏部分的数据了，如图 5-7 所示，工作表中各列代表的数据介绍如下。

- B2:D2 单元格区域是 H7:H9 单元格区域数据的来源。
- B3:D3 单元格区域是根据等级计算出来的攻防血上限值。
- B4:D4 单元格区域是 G7:G9 单元格区域数据的来源。
- B10:D10 单元格区域是预期的玩家洗点值，一键洗点之后，会以这个预期值为目标值。

图 5-7

我们再来解释一下 4 个按钮的功能。

- 单击"洗点"按钮之后,会产生随机数,并且记录消耗的金币数和次数。
- 单击"保存"按钮之后,它会将本次产生的随机数结果保存到当前值。
- 单击"重置"按钮之后,它会清空当前的属性值、消耗的金币数和次数。
- "一键"按钮的一键其实是一键洗点的简写,单击这个按钮之后,会循环使用洗点功能,当随机数大于洗点值时会保存随机数,一直到属性值达到预期值时停止。

5.1.3 变量介绍

案例代码都已经写好了,下面按步骤给大家解析。先按之前介绍的方式激活 VBA 的编辑界面,快捷键为 Alt+F11,如图 5-8 所示。

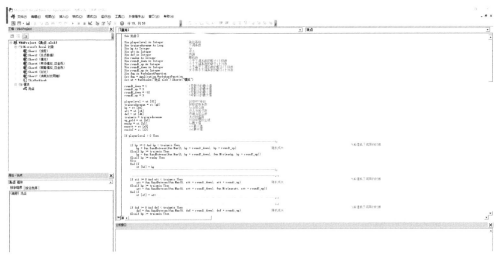

图 5-8

下面给大家解释一下这些代码的含义。

```
Dim playerlevel As Integer          '玩家角色等级
Dim trainreducenum As Long          '下调系数
Dim hp As Integer                   'HP
Dim att As Integer                  '攻击
Dim def As Integer                  '防御
```

以上 5 个属性是从表格中读取获得的。

```
Dim random As Integer               '随机数
```

这是数值的随机值。

```
Dim round1_down As Integer          '小于下调系数的骰子 1 下降数
Dim round1_up As Integer            '小于下调系数的骰子 1 上升数
Dim round2_down As Integer          '大于或等于下调系数的骰子 2 下降数
Dim round2_up As Integer            '大于或等于下调系数的骰子 2 上升数
```

当属性值小于下调系数时，会用第一个骰子，第一个骰子比较容易上升，而第二个骰子比较容易下降（洗点难度加大）。

```
Dim fun As WorksheetFunction
Set fun = Application.WorksheetFunction
```

这是一个非常方便的功能，将 fun 作为一个表格函数类，后续调用表格函数时，写起来更为方便。

```
Set st = Workbooks("洗点.xlsb").Sheets("模拟")
```

和上面是一个道理，方便编写。

5.1.4　程序解析

1. 洗点功能

```
round1_down = 1              '1 号骰子的最小值
round1_up = 3                '1 号骰子的最大值
round2_down = -12            '2 号骰子的最小值
```

```
round2_up = 3                    '2号骰子的最大值
```

这里设置了 1 号骰子的最小值为 1，最大值为 3，这表示每次会随机成长 1~3 个数。这两个值是可以进行调整的，它们会影响洗练到预期值的次数。

2 号骰子的最小值为-12，最大值为 3。由此可见，一旦超过下调系数，洗点难度会大幅增加。当然这两个值也可以进行调整，它们同样会影响洗练到预期值的次数。

```
playerlevel = st.[F2]              '获取 NPC 的等级
trainreducenum = st.[g2]           '获取修炼系数
hp = st.[b4]                       'HP 当前点数
att = st.[c4]                      '攻击当前点数
def = st.[d4]                      '防御当前点数
trainmin = trainreducenum          '洗点的底线
up_gold = st.[h2]                  '升级所需的金钱数
maxhp = st.[b3]                    'hp 的最大值
maxatt = st.[c3]                   'att 的最大值
maxdef = st.[d3]                   'def 的最大值
```

由于之前已经将 st 命名为 Workbooks("洗点.xlsb").Sheets("模拟")，所以 st.[F2] 就相当于 Workbooks("洗点.xlsb").Sheets("模拟").[F2]。

playerlevel = st.[F2]表示将 Workbooks("洗点.xlsb").Sheets("模拟").[F2]中的值赋给 playerlevel 变量。

后续也是同样的道理，将表格中的数据赋值给变量。

下面是逻辑代码。

```
If playerlevel > 0 Then

    '----------------------------------------hp
    If hp>=0 And hp < trainmin Then
        '当当前值低于底线的时候
        hp = fun.RandBetween(fun.Max(0, hp + round1_down), hp + round1_up)
'随机成长
    ElseIf hp >= trainmin Then
```

```
        hp = fun.RandBetween(fun.Max(0, hp + round2_down), fun.Min(maxhp, hp
+ round2_up))
    ElseIf hp >= maxhp Then
    Else
    End If
    st.[b2] = hp
    '----------------------------------------hp


    '----------------------------------------att
    If att >= 0 And att < trainmin Then
        '当当前值低于底线的时候
    att = fun.RandBetween(fun.Max(0, att + round1_down), att + round1_up)
'随机成长
    ElseIf hp >= trainmin Then
    att = fun.RandBetween(fun.Max(0, att + round2_down), fun.Min(maxatt,
att + round2_up))
    End If
    st.[c2] = att
    '----------------------------------------att


    '----------------------------------------def
    If def >= 0 And def < trainmin Then
    '当当前值低于底线的时候
    def = fun.RandBetween(fun.Max(0, def + round1_down), def + round1_up)
'随机成长
    ElseIf hp >= trainmin Then
    def = fun.RandBetween(fun.Max(0, def + round2_down), fun.Min(maxdef,
def + round2_up))
    End If
    st.[d2] = def
    '----------------------------------------def

    st.[i2] = st.[i2] + up_gold
    st.[j2] = st.[j2] + 1

    Else
    MsgBox "等级有误!"
    End If
```

在上面的代码中,首先对 hp 进行了一次判断,当 hp>=0 且 hp<trainmin 时,用 1 号骰子生成随机数。这里对 hp>=0 的判断其实是我个人的习惯性判断,因为一般当

hp>=0 的时候，玩家角色是有效的，当然这不是通用规则。

然后运行我们自己写的随机数公式：

hp = fun.RandBetween(fun.Max(0, hp + round1_down), hp + round1_up)

公式思路是在 hp + round1_down 和 hp + round1_up 区间内随机生成一个数字。此外，我们加了一层保护 fun.Max(0, hp + round1_down)，这是因为不排除我们将 1 号骰子的 round1_down 变为负数的可能性，此时如果不做保护，那么洗点可能出现负值，这是不符合游戏惯例的。

后续的攻击和防御其实也是一个道理，只不过在这里没有单独地针对攻击和防御设置下调系数，但在真实的工作中是不会这样做的。在这里，主要介绍的是思路，这种思路一致的设计，只介绍其一即可，大家在项目中可根据实际情况进行调整。

```
st.[i2] = st.[i2] + up_gold
st.[j2] = st.[j2] + 1
```

这两个语句分别记录了金币数和次数。

最后，如果玩家角色等级类型不符合语法要求，导致等级小于或等于 0 的话，会弹窗提示"等级有误！"。

2. 保存功能

```
Sub 保存()

Set st = Workbooks("洗点.xlsb").Sheets("模拟")

st.[b4] = st.[b2]
st.[c4] = st.[c2]
st.[d4] = st.[d2]

End Sub
```

这就很好理解了，将随机结果保存至当前值。

3. 重置功能

```
Sub 重置()

Set st = Workbooks("洗点.xlsb").Sheets("模拟")

st.[b2] = 0
st.[c2] = 0
st.[d2] = 0
st.[b4] = 0
st.[c4] = 0
st.[d4] = 0
st.[i2] = 0
st.[j2] = 0

End Sub
```

这里清空了随机结果、当前值、消耗的总金币数和总随机次数。

4. 一键洗点功能

```
Sub 一键洗点()

Set st = Workbooks("洗点.xlsb").Sheets("模拟")

Dim hp As Integer            '当前 HP 值
Dim Cul_hp As Integer        '洗点 HP 值
Dim maxhp As Integer         'HP 最大预期值

Call 重置

maxhp = st.[b10]
hp = st.Cells(2, 2)

Do Until maxhp <= hp
洗点
hp = st.[b4]
Cul_hp = st.[b2]

    If Cul_hp - hp >= 0 Then    '洗点值大于或等于当前值时,其才会被保存
        保存
    Else
    End If
```

```
hp = st.[b4]
Loop

MsgBox "将武力值洗点到预期值" & maxhp

End Sub
```

首先，会运行一次重置功能，因为在你运用一键洗点功能之前，可能会存在之前运行过的残存数据。然后，将表中对应的数据赋值给当前的 hp 和 maxhp，这里需要注意一下，maxhp 表示洗点预期的血量值。接着，进行循环洗点，直到 hp>=maxhp，这里注意不能仅使用 = 符号，因为有时候会出现洗点洗过了的情况。在循环的内部，只有洗点值大于或等于当前值，才会执行保存操作。在这里，需要注意，千万要保证在达到预期值之前，骰子是有概率地增长的，不能让骰子的最大/最小值都是负值，这样会导致程序出现死循环的情况。

有没有觉得哪里不对劲？这个一键洗点功能其实有些问题。

首先，一键洗点功能以 hp 为判断依据并且没有考虑攻击和防御的洗点情况。

然后，假设我们一不小心使输入的预期值超过了最大值，那么还可以加一次判断，我在这里没有做这个判断。

最后，maxhp 用作洗点预期值是非常不妥的，有歧义。

关于这些问题，我希望读者可以自行解决，只看不操作永远得不到长足的进步。

5.1.5　模拟用途

在《平衡掌控者——游戏数值战斗设计》一书中，也给大家列了一个 VBA 的例子，后来很多读者反馈不是很理解为什么要使用 VBA，做 VBA 模拟有什么用，下面就给大家说明一下。

对于数值策划来说，VBA 肯定不如 Excel 重要。Excel 是数值策划日常工作及交流中的必备工具，而 VBA 应该说是一个更为强大的工具。对于刚刚接触数值策划工作的读者来说，如果有余力的话可以学习 VBA，但如果没有多余时间，还是要以项目为主。

当你有些余力的时候，可以适当地研究一下 VBA 或其他语言，因为现在大部分游戏中的变量和规则都较为复杂，有时候单纯用公式去解析变量和规则是非常费力的。大部分从业者在纯数理方面的知识积累并不深厚，而且某些时候公式的推导效率也远远比不上用程序进行模拟的效率，所以希望大家最好能掌握一些编程语言，在有特定需求的时候，用程序解决棘手的问题。

还有很多读者来问我为什么要用 VBA？其实很多语言都很有用，甚至用起来比 VBA 还好用。VBA 本身其实并不是一门特别好用的语言，大家如果习惯用其他语言去解决相关问题也是可以的。我下面就解释一下为什么自己偏爱 VBA 的原因。

（1）VBA 上手容易。

（2）VBA 与 Excel 结合紧密，更方便一起使用。

我入行相对比较早，在我入行 3 年之后开始学习 VBA，到现在也快八九年，并且我也用 VBA 做了不少东西，使用起来很顺手，所以一直在用 VBA。有机会我还会选一个复杂些的案例给大家讲解。

下面再回到之前对洗点系统的模拟，在前面已经完成了模拟工具的制作，下面介绍如何使用这个工具。

（1）单项模拟分析。

（2）洗点策略分析。

（3）规则对比分析。

1. 单项模拟分析

单项模拟分析主要是在游戏中以玩家洗出单项属性预期值为目的来进行模拟的一种分析方式。

首先罗列出玩家的洗点目标,我们以玩家角色升级到 50 级,洗点目标为最大值的 50%来计算预期值 1080×50%=540。

其次罗列出想要得到的反馈值。在这里,我希望得到如下反馈值。

(1) 洗点到预期值所需要消耗的平均总金币数。

(2) 消耗金币数的最大值和最小值与平均值的比值。

第 1 个反馈值相对容易得到,我们直接用一键洗点功能就可以获得。但一次洗点就足够了吗?显然是不够的。在一般的情况下,我们的模拟至少是以千次来进行计算的,遇到实在复杂、跑不动的情况,也要做到百次以上的模拟,不然就会存在一定的偶然性。

相关代码如下:

```
Sub 单项模拟总金币()

Dim i As Integer

For i = 1 To 100

一键洗点

Sheets("单项模拟_总金币").Cells(i + 1, 2) = Sheets("模拟").[j2]
'保存次数
Sheets("单项模拟_总金币").Cells(i + 1, 3) = Sheets("模拟").[i2]
'保存总金币数

Next i

End Sub
```

首先明确一下，为了方便讲解，所以只进行了百次模拟，在实际的项目中要根据需求来决定模拟次数。

循环 100 次调用一键洗点过程，每次洗点完成后，我们需要记录洗点的次数及消耗情况。将"模拟"表的 J2 单元格中的值记录到"单项模拟_总金币"表中的第 2 列，而行数会随着模拟次数加 1，这样就达到了将每次的模拟结果记录下来的效果。

另外，在模拟之前，要先将"模拟"表中的数据调整一下，如图 5-9 所示。

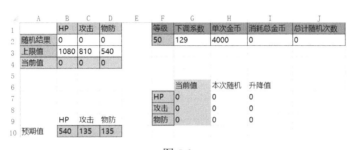

图 5-9

F2 单元格中的等级要填 50，B10 单元格中的 HP 预期值要填 540。

上述环节准备好之后，我们运行单项模拟总金币过程即可，这次我们不采用将程序挂载在按钮上单击按钮运行的方式了，而是直接运行过程。切记一点，鼠标光标要放在你想运行的过程区域内，不然 VBA 会不知道要运行哪个过程，如图 5-10 所示。

```
Sub 单项模拟总金币()
Dim i As Integer
For i = 1 To 100
一键洗点
Sheets("单项模拟_总金币").Cells(i + 1, 2) = Sheets("模拟").[j2]    '保存次数
Sheets("单项模拟_总金币").Cells(i + 1, 3) = Sheets("模拟").[i2]    '保存总金币数
Next i
End Sub
```

图 5-10

选择好（如图 5-10 中的圆圈所示）之后，按 F5 键或单击 ▶ 按钮都可以运行过程。运行之后会发现一个问题，每运行完一次一键洗点过程后都会弹出如图 5-11 所

示的对话框。

图 5-11

这不是程序 Bug,而是之前加的一段代码带来的结果,我们的本意是希望洗点结束后出现一个提示,但若洗点 100 次,每次洗点之后都弹出对话框,那就不友好了,这时候只要把图 5-12 的方框中的代码注释掉即可。

```
Sub 一键洗点()
Set st = Workbooks("洗点.xlsb").Sheets("模拟")
Dim hp As Integer        '当前HP值
Dim Cul_hp As Integer    '洗点HP值
Dim maxhp As Integer     'HP最大预期值
Call 重置

maxhp = st.[b10]
hp = st.Cells(2, 2)

Do Until maxhp <= hp
洗点
hp = st.[b4]
Cul_hp = st.[b2]

    If Cul_hp - hp >= 0 Then   '洗点值大于或等于当前值时,其才会被保存
        保存
    Else
    End If

hp = st.[b4]
Loop
'MsgBox "武力值洗点到预期值" & maxhp
End Sub
```

图 5-12

特别提示,之前运行过程后提示对话框会弹出 100 次,因此我们不可能等着程序自动运行完,这时候可以用快捷键 Ctrl+Break 结束程序,Break 键在键盘的右上角。这种方法非常好用,一定要掌握。

运行程序之后的结果如图 5-13 所示。

	A	B	C	D	E	F	G	H	I	J
1	次数	次数	总金币							
2	1	1181	4724000							
3	2	1300	5200000		平均次数	1174.8		平均金币	4699200	
4	3	1220	4880000		最大次数	1378	1.17	最大金币	5512000	1.17
5	4	1149	4596000		最小次数	998	0.85	最小金币	3992000	0.85
6	5	1063	4252000							
7	6	1209	4836000							
8	7	1152	4608000							
9	8	1152	4608000							
10	9	1183	4732000							
11	10	1134	4536000							

图 5-13

F3 单元格中统计了这 100 次洗点达到预期值所用的平均次数，I3 单元格中统计了获得的平均金币数。根据这些数据，就可以得出在这个模型下每升级 1 点 HP 大致需要运行过程 2.15 次，消耗 2300.9 个金币。G4、G5 单元格中统计了最大次数和最小次数，最大次数：平均次数=1.22；最小次数：平均次数=0.85。如果这个比值过大，就表明洗点的稳定性低，运气好的人和运气不好的人得到的结果差距比较大。一般来说，第 1 个比值在 1.2 左右算较为稳定，第 2 个比值在 0.8 左右算比较稳定。

2. 洗点策略分析

首先在单项模拟分析中确定的洗点目标不变，还是以玩家角色升级到 50 级，洗点目标为最大值的 50% 来计算预期值 1080 × 50%=540。

但是这一次不同，我们的洗点策略不一样了。之前的策略是玩家在 50 级之前不洗点，到 50 级之后一次性地将 HP 值洗到 540。这一次我们从 1 级开始洗点（假设洗点功能在 1 级时就开放了），然后每达到 5 级的整数倍等级时，都会洗点，洗点预期值为当前等级下 HP 洗点最大值的 50%，最终到 50 级，还是将 HP 值洗到 540 为止。

反馈值也与之前的单项模拟分析中是一样的。

（1）洗点到预期值所需要消耗的平均总金币数

（2）消耗金币数的最大值和最小值与平均值的比值。

相关代码如下：

```vb
Sub 策略一键洗点()

Set st = Workbooks("洗点.xlsb").Sheets("模拟")

Dim level                       '等级
Dim i As Integer
Dim j As Integer
Dim hp As Integer               '当前 HP 值
Dim Cul_hp As Integer           '洗点 HP 值
Dim maxhp As Integer            'HP 最大预期值


For i = 1 To 100
Call 重置
st.[f2] = 1                     '初始等级 1
level = Array(1, 5, 10, 15, 20, 25, 30, 35, 40, 45, 50)

    For j = 1 To 11

    st.[f2] = level(j - 1)
    maxhp = st.[b10]
    hp = st.Cells(2, 2)

    Do Until maxhp <= hp
洗点
    hp = st.[b4]
    Cul_hp = st.[b2]

        If Cul_hp - hp >= 0 Then     '洗点值大于或等于当前值时，其才会被保存
            保存
        Else
        End If

    hp = st.[b4]
    Loop

    Next j

Sheets("策略模拟_总金币").Cells(i + 1, 2) = Sheets("模拟").[j2]
'保存次数
```

```
Sheets("策略模拟_总金币").Cells(i + 1, 3) = Sheets("模拟").[i2]
'保存总金币数

Next i

'MsgBox "武力值洗点到预期值" & maxhp

End Sub
```

整体思路与之前的思路类似，但细节有所不同。前面的命名环节就不讲了，从循环开始说起。

最外层是一个 100 次的循环，变量 i 从 1 开始达到 100。每次开始循环的时候，我们都要重置一次清空之前的数据。对应的代码如下：

```
Call 重置
```

然后给等级赋值 1，接下来是第 2 层的循环，由等级变化开始，将等级装进一个数组，从 1 级到 50 级共 11 个数据。对应的代码如下：

```
st.[f2] = 1                  '初始等级 1
level = Array(1, 5, 10, 15, 20, 25, 30, 35, 40, 45, 50)
```

当等级为 1 时，先循环执行一次洗点，当等级 1 的洗点值 hp 大于预期值 maxhp 时，程序会跳出 DO UNTIL 循环，此时等级会变为数组中的第 2 个值，即为 5 级，然后开始新的循环，直到完成整个第 2 层循环。对应的代码为变量 j 对应的循环代码。

第 2 层循环结束之后，同样将数据保存下来，代码如下：

```
Sheets("策略模拟_总金币").Cells(i + 1, 2) = Sheets("模拟").[j2]
'保存次数
Sheets("策略模拟_总金币").Cells(i + 1, 3) = Sheets("模拟").[i2]
'保存总金币数
```

同样，在模拟之前，要先将"模拟"表中的数据调整一下，不同的是不需要填写等级对应的 F2 单元格或填写什么都没关系，因为在执行代码的时候可以重新赋值。另外，预期值也不能填写为固定的 540，而是在 B10 单元格中使用公式"=B3*0.5"，这也是我们之前介绍过的，洗点策略就是升级到当前等级 HP 最大值的 50%。

运行程序之后的结果如图 5-14 所示。

	A	B	C	D	E	F	G	H	I	J
1	次数	次数	总金币							
2	1	1374	1468100							
3	2	1451	1495600		平均次数	1425.87		平均金币	1523987	
4	3	1388	1571600		最大次数	1693	1.19	最大金币	1951100	1.28
5	4	1308	1240500		最小次数	1218	0.85	最小金币	1191900	0.78
6	5	1363	1341400							
7	6	1481	1498200							
8	7	1406	1396300							
9	8	1447	1557000							
10	9	1476	1600100							
11	10	1428	1522700							

图 5-14

为了方便对比，再看看之前的模拟结果，如图 5-15 所示。

	A	B	C	D	E	F	G	H	I	J
1	次数	次数	总金币							
2	1	1181	4724000							
3	2	1300	5200000		平均次数	1174.8		平均金币	4699200	
4	3	1220	4880000		最大次数	1378	1.17	最大金币	5512000	1.17
5	4	1149	4596000		最小次数	998	0.85	最小金币	3992000	0.85
6	5	1063	4252000							
7	6	1209	4836000							
8	7	1152	4608000							
9	8	1152	4608000							
10	9	1183	4732000							
11	10	1134	4536000							

图 5-15

经过对比，可以发现每级洗点所产生的洗点次数会比最终一次性洗点多，但最终一次性洗点所消耗的金币数会多于每级洗点所消耗的金币数。

那么为什么每级洗点所消耗的洗点次数会多呢？这就要反过来研究一下公式和数据了，首先看如下公式：

If hp >= 0 And hp < trainmin Then

```
'当当前值低于底线的时候
    hp=fun.RandBetween(fun.Max(0,hp+round1_down),hp+ round1_up)
```

```
'随机成长
    ElseIf hp >= trainmin Then
    hp=fun.RandBetween(fun.Max(0,hp+round2_down), fun.Min(maxhp, hp + round2_up))
    ElseIf hp >= maxhp Then
    Else
    End If
```

再结合如图 5-16 所示的数据。

	A	B	C	D	E	F	G	H
1	英雄等级	原始成长	金币消耗	水晶消耗	下调系数			
2	level	maxradnum	trainpay1	trainpay2	trainreducenum	hp	att	def
3	1	25	100	0	12	100	75	50
4	2	30	100	0	14	120	90	60
5	3	35	100	0	16	140	105	70
6	4	40	100	0	19	160	120	80
7	5	45	100	0	21	180	135	90
8	6	50	100	0	24	200	150	100
9	7	55	100	0	26	220	165	110
10	8	60	100	0	28	240	180	120
11	9	65	100	0	31	260	195	130
12	10	70	200	0	33	280	210	140

图 5-16

通过对公式和数据的结合分析可以知道，当洗点值小于洗点最大值的12%时，随机属性值增加1~3。接下来要从12%达到50%，其实这是非常难提升的，洗点值从−12到+3，增长概率为25%（不明白的话，仔细看看代码和数据的联系）。

下面再来分析一下两种洗点策略所产生的结果。

（1）最终一次性洗点的最大值为 540 点 HP 值，前 135 点 HP 值是低于底线时的保护性增长。在保护性增长下，洗点值非常容易达到预期值，剩余的 305 点 HP 值按正常随机值洗点。

（2）反观每级洗点，1 级的时候开始洗点，目标为 50 点 HP 值，前 12 点 HP 值是低于底线时的保护性增长。5 级的时候，已经有 50 点 HP 值了，它高于 5 级的下调系数 22 点 HP 值，所以无法享受保护性增长。后面的洗点也是同样的道理，没有享受到保护性增长，最终结果是 540 点 HP 值中只有前 12 点 HP 值是低于底线时的保护性增长。

到这里就可以得出结论，因为最终一次性洗点比每级洗点多了 123 点 HP 值的保护性增长，所以它消耗的洗点次数会比每级洗点少（在保护性增长下，增长所需的洗点次数变少了）。

但每级洗点的消耗为什么反而比最终一次性洗点少了呢？这是因为洗点的消耗会随着等级的提升而增加，换句话说洗点的单次成本提高了不少，所以虽然洗点次数减少了，但是总成本却提高了。大家可以再到表格中确认一下数据，消耗从 1 级开始，每 10 级变动一次，对应的消耗值分别为 100、200、400、1000、2000、4000、10000。

还需要说明的一点是，为什么我们要在这里设计消耗变动。这是考虑到玩家产出率的提升及初次系统体验。比如，在 1 级的时候玩家角色每天只能生产 10000 个金币，但到了 10 级的时候，玩家角色生产的金币数肯定会超过 10000 个。在现实生活中，你工作久了都会涨工资，更不要提金币积累速度更快的游戏了。所以 1 级的 100 金币多，还是 10 级的 200 金币多，其实是一个相对的问题。

另外，以上设计的初衷也是让玩家不会在一开始玩游戏时就觉得系统消耗过大而不愿进行尝试。

3. 规则对比分析

有一种情况在工作中时常发生，下面还是拿我们做的这个洗点系统来举例。当你觉得刚才的设计还不错的时候，老板来找你开会。仔细听你解释完洗点系统的规则和设计目的之后，他有条不紊地开口了："小××（老板对你亲切的称呼），这个系统挺不错的，你还能不能调整一下，我想看看洗点洗满时所需的金币消耗量。另外，我觉得这个保底数值有点太低了，我们是不是可以再调整一下？而且金币的消耗量是不是也有点少？你们再考虑考虑？"

首先要分析上面这段话，领导提出了哪些需求（非常重要，理解了需求才能更好地实现功能）。

(1)洗点洗满时所需的金币消耗量。

(2)洗点的保底数值需要上调。

(3)金币的消耗量需要上调。

第 1 个需求是比较容易达成的,给之前的模型改改参数即可。运行模型之后可以得出如图 5-17 所示的数据。

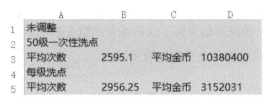

图 5-17

从图 5-17 可以看出,在洗点洗满的情况下,不同的洗点策略对洗点次数的影响并不大,但是对消耗的金币数影响较大。

然后来调整第 2 个需求,将保底数值 12%调高为 25%,对应的数据如图 5-18 所示。

	A	B	C	D	E	F	G	H
1	英雄等级	原始成长	金币消耗	水晶消耗	下调系数			
2	level	maxradnum	trainpay1	trainpay2	trainreducenum	hp	att	def
3	1	25	100	0	25	100	75	50
4	2	30	100	0	30	120	90	60
5	3	35	100	0	35	140	105	70
6	4	40	100	0	40	160	120	80
7	5	45	100	0	45	180	135	90
8	6	50	100	0	50	200	150	100
9	7	55	100	0	55	220	165	110
10	8	60	100	0	60	240	180	120
11	9	65	100	0	65	260	195	130
12	10	70	200	0	70	280	210	140

图 5-18

这里与之前一样,同理得到如图 5-19 所示的数据。

```
保底25%
50级一次性洗点
平均次数      2301.76    平均金币  9207040
每级洗点
平均次数      2928.63    平均金币  3152516
```

图 5-19

可以看出，保底数值的调整对每级洗点影响并不大，这就是之前说到的，每级洗点只享受了 12 点的保护性增长，就算调整为 25 点依然影响不大。所以每级洗点的洗点次数和消耗量几乎没有受到什么影响。

50 级一次性洗点的消耗则受到了保护洗点次数变多的影响，（因为保底数值变大了），所以消耗的洗点次数和金币数均有所减少。

对于第 3 个需求，首先保存针对第 2 个需求所做的修改，然后提升前期的消耗量。对应消耗的金币数调整如下：

200、500、1000、1500、2000、4000、10000

然后开始模拟，数据如图 5-20 所示。

```
保底25%+前期金币提升
50级一次性洗点
平均次数                   平均金币
每级洗点
平均次数   2890.58   平均金币  3908708
```

图 5-20

下面就不模拟 50 级一次性洗点了，因为 50 级的金币消耗量没有改变，所以模拟结果与之前是一样的。

而每级洗点的消耗则略有提升，但通过上面的操作我们无法观测到每个具体对应等级的消耗变化情况。为了应对可能发生的需求变化，我们将每个对应等级的消耗情况展示出来。

添加一个对比洗点的过程，代码如下：

```vba
Sub 对比洗点()

Set st = Workbooks("洗点.xlsb").Sheets("模拟")

Dim level                         '等级
Dim i As Integer
Dim j As Integer
Dim hp As Integer                 '当前 HP 值
Dim Cul_hp As Integer             '洗点 HP 值
Dim maxhp As Integer              'HP 最大预期值
Dim pianyi As Integer             '偏移值

pianyi = 0                        '13
For i = 1 To 100
Call 重置
st.[f2] = 1                       '初始等级 1
level = Array(1, 5, 10, 15, 20, 25, 30, 35, 40, 45, 50)

    For j = 1 To 11
    st.[i2] = 0                   '清除消耗
    st.[j2] = 0                   '清除次数
    st.[f2] = level(j - 1)
    maxhp = st.[b10]
    hp = st.Cells(2, 2)
    
    Do Until maxhp <= hp
洗点
    hp = st.[b4]
    Cul_hp = st.[b2]
    
        If Cul_hp - hp >= 0 Then  '洗点值大于或等于当前值时,其才会被保存
            保存
        Else
        End If
    
    hp = st.[b4]
    Loop
    
    Sheets("消耗对比明细").Cells(i + 1, j + 2 + pianyi) = Sheets("模拟").[i2]
    
    Next j
```

```
Next i

End Sub
```

相同的代码部分就不再解释了,下面说说不同的几点。

(1)每次 j 循环开始的时候,要清除消耗量和次数数据,因为我们要统计每个对应等级单独消耗的金币数和洗点次数。

(2)添加偏移量,这是为了方便我们分别记录变化前后的消耗量,并且在每次 j 循环结束的时候,都将消耗金币数记录到对应的单元格中。

接下来我们对比消耗变化前后具体对应到每个等级的消耗情况。对于第 1 次运行模拟且消耗不变的情况下的金币消耗情况,这里的 pianyi=0 即可,反馈数据会被记录在"消耗对比明细"表的 C2:M101 单元格区域中。第 2 次运行模拟时,首先要调整消耗量,如图 5-21 所示。

	A	B	C	D	E	F	G	H
1	英雄等级	原始成长	金币消耗	水晶消耗	下调系数			
2	level	maxradnum	trainpay1	trainpay2	trainreducenum	hp	att	def
3	1	25	200	0	25	100	75	50
4	2	30	200	0	30	120	90	60
5	3	35	200	0	35	140	105	70
6	4	40	200	0	40	160	120	80
7	5	45	200	0	45	180	135	90
8	6	50	200	0	50	200	150	100
9	7	55	200	0	55	220	165	110
10	8	60	200	0	60	240	180	120
11	9	65	200	0	65	260	195	130
12	10	70	500	0	70	280	210	140

图 5-21

这里切记使 pianyi=13,这样才不会覆盖之前的数据,新数据会被记录在"消耗对比明细"表的 P2:Z101 单元格区域中。最终再加上对平均值的计算,得出如图 5-22 所示的图(横坐标代表玩家角色等级,纵坐标代表消耗的金币数)。

图 5-22 中下面的曲线是消耗变化之前的曲线,上面的曲线是消耗变化之后的曲线。大家可以对比消耗金币数的调整比例,其与图 5-22 中两条曲线的变化比例是一

致的，这也证明我们的模拟是没有问题的。

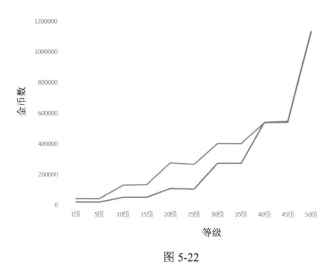

图 5-22

小结：希望这个洗点系统成长模拟案例能起到抛砖引玉的作用，大家也可以类比其他系统的设计。这里为了讲解方便，数据基本上采用的都是整数，具体游戏项目中以设计目的为主导。

最后说明一下，有些时候运行程序后消耗的金币数会出现 0 的情况，这不是 100% 会出现的 Bug。

5.2　简易 RPG 行为模拟案例

洗点系统成长模拟案例是站在微观角度模拟了一个系统的数值运算过程，而本案例则是站在宏观角度进行了一个略微复杂的模拟，模拟过程是玩家在 RPG 行为的移动、交接任务、杀怪升级等行为中产生的数据反馈。

在实际工作中，我不敢说这个模拟案例能起多大作用，但本案例在模拟过程中涉及的系统较多，适合讲解，请大家耐心学习，并在实际工作过程中挑选适合自己的知识点进行运用。

5.2.1 模拟演示

这个模拟案例是将 RPG 行为的数值要素整合到 VBA 中，用来统计一些数值策划想要获取的数据。我们在这里统计的是在各个等级中移动、对话和杀怪的时间数据，通过对这些数据的分析，希望实现将玩家的时间均匀分布的设计目的，这样的设计有助于缓解由于玩家在某种行为类型上付出时间过多而引起疲劳的情况。

为什么会有这样的设计思路呢？不知道大家是否还记得自己当年写暑假作业的情况？在你一直写语文作业将近 N 小时之后，就可能会出现你看到文字感到厌倦，这时候换一个学科学习会更有效率。

而在游戏设计中也是如此，当某一等级段中集中了大量重复类型的任务时，玩家或多或少同样可能会产生厌倦感，所以在设计时要尽可能避免这种情况出现。

模拟数据结果如图 5-23 所示（其中横坐标代表玩家角色等级，纵坐标代表时间，单位为 min）。

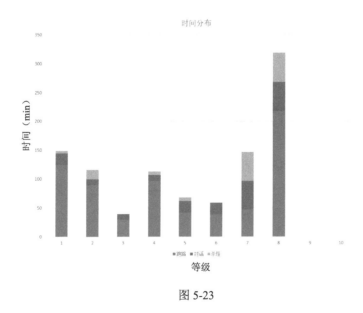

图 5-23

图 5-23 是最终产出数据的模拟结果，图中数据截至 8 级。图 5-24 则是战斗场景

下的模拟运算场景。

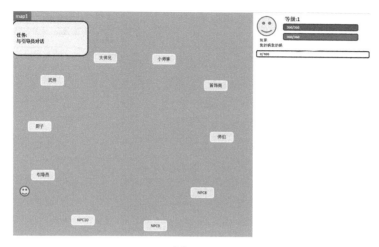

图 5-24

图 5-24 中左上角的 map1 表示当前地图，下面的任务面板用于显示目前的任务信息，底图则是地图缩略图，底图上的文本框表示 NPC 的位置，左下角的笑脸表示玩家的位置，右上角的笑脸表示玩家头像，旁边标记着等级、HP 及 MP 信息，而下方的"我的锅我的锅"是玩家名，玩家名下面则是经验条相关信息。模拟后，玩家会根据我们配置的数据接任务，如图 5-25 所示。

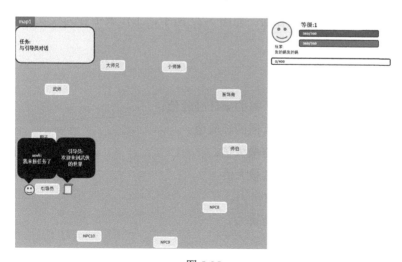

图 5-25

接下来根据数据配置决定去对话还是去杀怪，图 5-26 就是杀怪的情况。

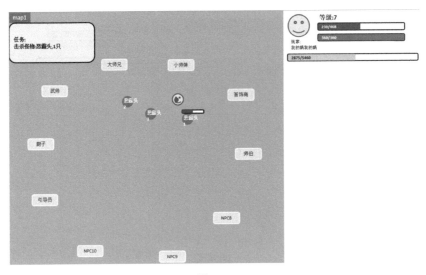

图 5-26

最终完成所有任务后，得到数据反馈。

5.2.2 数据概述

先来看看数据表的构成。第 1 张表是战斗场景下的数据，前面介绍过，这里就不赘述了。第 2 张表是角色数据，如图 5-27 所示，工作表中各列代表的数据介绍如下。

- A 列为玩家角色等级。
- B 列为玩家角色升级所需的累计经验值。
- C 列为玩家角色升级所需的经验值。
- D 列为玩家角色生命值最大值。
- E 列为玩家角色魔法值最大值。
- F 列为玩家角色物理攻击力。
- H 列为玩家角色物理防御力。

	A	B	C	D	E	F	G	H
1	等级	//累计经验	升级所需经验	Hp	Mp	AD		DM
2	1	0	400	360	360	4		0
3	2	400	840	378	378	5		0
4	3	1240	1760	396	396	6		0
5	4	3000	2760	414	414	7		0
6	5	5760	3840	432	432	8		0
7	6	9600	5000	450	450	9		0
8	7	14600	5460	468	468	10		0
9	8	20060	5940	486	486	11		0
10	9	26000	6440	504	504	12		0
11	10	32440	6960	522	522	13		1

图 5-27

为了方便讲解整体模型，属性细节就不设计得太复杂了，大家可根据实际情况添加或删减细节。在整体模型稳定的情况下，细节调整都是非常迅速的事情。图 5-27 中仅截取了部分数据。

第 3 张表是任务数据，如图 5-28 所示，工作表中各列代表的数据介绍如下。

- A 列为任务 ID。
- B 列为接任务所需的等级。
- C 列为完成任务后下一个任务的 ID。
- D 列为任务名称。
- E 列为任务发布的 NPC 编号（接任务 NPC）。
- F 列为任务结束的 NPC 编号（交任务 NPC）。
- G 列为任务类型（杀怪或对话等）。
- 如果是杀怪类型的任务，H 列为任务需要击杀的怪物 ID。
- I 列为杀怪数量。
- J 列为接任务时与 NPC 的对话。
- K 列为交任务时与 NPC 的对话。
- L 列为任务框中任务开始时的引导文本。
- M 列为任务框中任务结束时的引导文本。
- N 列为任务框中任务进行时的引导文本。
- O 列为完成任务可获取的经验值。
- P 列无意义。
- Q 列为完成任务可获得的银两数（游戏币数），暂时用不到。

- R 列为完成任务可获得的道具奖励，暂时用不到。
- S 列为任务奖励对应的文本，暂时用不到。

;id	需求等级	后置任务ID	任务名称(6字内)	任务发布NPC	任务结束NPC	;完成条件的类型 1.对话 2.杀怪	怪物ID	怪物数量	;接领任务描述文本 (使用半角标点)	;完成任务描述文本
1000	1	1001	启程	1	1	1			欢迎来到武侠的世界	相信你会喜欢这里的，去找厨子吧
1001	1	1002	杀鸡做饭1	2	2	2	1	1	兄弟,我做饭需要1只鸡,能帮我个忙吗	这鸡不错,谢谢
1002	1	1003	杀鸡做饭2	2	2	2	1	5	鸡的味道好极了,能再帮我抓5只回来吗	孺子可教,去找武师吧
1003	1	1004	我要吃鸡	2	2	1			好小子,想要拜师不带只厨子做的鸡来吗	这个武师果然还在惦记我的美食
1004	1	1005	杀鸡做饭3	2	2	2	1	3	不好意思,小朋,再来3只鸡	稍等片刻,叫花鸡马上好
1005	1	1006	拜师礼	2	2	1			去吧,保证他满意	哈哈哈,我的最爱
1006	1	1007	考验	3	3	2	2	1	看出你有诚意,不过我还是要考验你一下,杀1只野狗去	不错,总要有点基础才能习武
1007	1	1008	拜师	3	4	1			很好,接下来,要去拜会各位师兄姐,先去大师兄那里	师傅的眼光还不行啊,你是新来的小师弟?
1008	1	1009	拜见大师兄	4	5	1			小师妹有急事要帮助,你先去帮她	哈哈哈,我终于有师弟了
1009	1	1010	拜师姐	5	5	1			先叫声师姐,给你经验值和钱	乖,让我看看你几岁了
1010	1	1011	击杀恶霸	5	5	2	3	3	应该可以帮我这个忙了,去教训3个恶霸,我看看	有点意思啊,小师弟
1011	1	1012	师姐的习题	5	5	2	4	1	再接再厉,直接解决他们的头目	你这拳脚功夫算合格了,去找大师兄吧
1012	1	1013	回见大师兄	5	4	1			看来你通过了小师妹对你的考验	一看你就是个机灵的小师弟
1013	1	1014	大师兄的心事	4	4	1			不瞒你说,小师弟,我是喜欢小师妹的,能不能帮我个忙	多谢你了,事成之后,必有重谢
1014	1	1015	师姐的首饰	5	5	1			你是大师兄派来的卧底吗	想知道我的心事?先帮我取回我的首饰吧
1015	1	1016	首饰商	6	6	1			小爷,您好啊	您可要为我做主啊,这是大小姐的首饰
1016	1	1017	作乱的土匪	6	6	2	5	5	请小爷帮忙杀5个土匪	太谢谢小爷了,这是大小姐的首饰
1017	1	1018	师姐的心愿	5	3	1			很好,接下来,去帮我找师傅要《玉石剑》秘籍	哈哈哈,这小个头真会挥别人啊
1018	1	1019	师傅的秘籍	3	7	1			我那本秘籍在你师伯那里,你去那里把它拿回来	可以哈,这小师弟挺不错的,你是我师弟吗
1019	1	1020	师伯的考验	7	7	2	6	3	话不多说,去杀3只野狗,让我看看你的实力	回来得还挺快,算你闯关了
1020	1	1021	秘籍	7	5	1			拿过去给那丫头吧	干得漂亮,小师弟

;开始引导文本	结束引导文本	任务中引导文本	;角色经验奖励	;人民币代币	;银两奖励	;奖励物品	;任务奖励文本
与引导员对话	与引导员对话	与NPC1对话	300	0	225	1000	
与厨子对话	与厨子对话	击杀怪物:鸡,1只	588	0	441	0	
与厨子对话	与厨子对话	击杀怪物:鸡,5只	1144	0	858	0	
与武师对话	与厨子对话	与NPC2对话	1656	0	1242	0	
与厨子对话	与厨子对话	击杀怪物:鸡,3只	2112	0	1584	0	
与厨子对话	与武师对话	与NPC3对话	2500	0	1875	0	
与武师对话	与武师对话	击杀怪物:野狗,1只	2457	0	1842	0	
与武师对话	与大师兄对话	与NPC4对话	2376	0	1782	0	
与大师兄对话	与小师妹对话	与NPC5对话	2254	0	1690	0	
与小师妹对话	与小师妹对话	与NPC5对话	1044	0	783	0	
与小师妹对话	与小师妹对话	击杀怪物:恶霸,3只	1044	0	783	0	
与小师妹对话	与小师妹对话	击杀怪物:恶霸头,1只	1125	0	843	0	
与大师兄对话	与大师兄对话	与NPC4对话	1125	0	843	0	
与大师兄对话	与小师妹对话	与NPC4对话	1209	0	906	0	
与小师妹对话	与小师妹对话	与NPC5对话	1209	0	906	0	
与首饰对话	与首饰商对话	与NPC6对话	1296	0	972	0	
与首饰商对话	与首饰商对话	击杀怪物:土匪,5只	1296	0	972	0	
与小师妹对话	与武师对话	与NPC3对话	693	0	519	0	
与武师对话	与师伯对话	与NPC7对话	693	0	519	0	
与师伯对话	与师伯对话	击杀怪物:野狗,3只	693	0	519	0	
与师伯对话	与小师妹对话	与NPC5对话	693	0	519	0	

图 5-28

第 4 张表是怪物数据，如图 5-29 所示，工作表中各列代表的数据介绍如下。

- A 列为怪物 ID。
- B 列为怪物名字。
- C 列为怪物的攻击距离。
- D 列为怪物的生命值。

- E 列为怪物的魔法值。
- F 列为怪物的物理攻击力。
- H 列为怪物的物理防御力。
- J 列为击杀怪物后可获得的经验值。

ID	名字	攻击距离	Hp	Mp	AD	DM	获得经验
1	鸡	25	20	0	2	0	5
2	野狗	25	50	0	4	0	10
3	恶霸	25	100	0	6	0	15
4	恶霸头	50	200	0	10	1	100
5	土匪	25	120	0	8	0	20
6	野狗	25	150	0	10	0	25

图 5-29

第5张表是NPC的相关数据，由于我们案例中的NPC没有战斗功能，所以也就没有设计相关的战斗属性（其实在实际工作中，NPC和怪物可以分为两张表，也可以合为一张表，主要看设计需求），如图5-30所示，工作表中各列代表的数据介绍如下。

- A 列为 NPC 的编号（ID）。
- B 列为备注信息
- C 列为 NPC 的名字。
- D 列为 NPC 所在地图，暂时用不到。
- E、F 列表示 NPC 的坐标。

编号	备注	name	mapid	x	y
1		玩家初始	1	10	600
2	NPC1	引导员	1	52	414
3	NPC2	厨子	1	43.20591	287.3088
4	NPC3	武师	1	75.58835	167.2059
5	NPC4	大师兄	1	217.4706	107.8824
6	NPC5	小师妹	1	372.7059	110.2942
7	NPC6	首饰商	1	510.8235	177.9558
8	NPC7	师伯	1	527	312
9	NPC8	NPC8	1	475.647	456.6029
10	NPC9	NPC9	1	350.5882	544.3235
11	NPC10	NPC10	1	158.3529	530.4117

图 5-30

第 6 张表是相关时间的统计数据，如图 5-31 所示，工作表中各列代表的数据介绍如下。

- A 列为玩家角色等级。
- B、C、D 列为玩家在该等级下移动、对话、杀怪分别消耗的时间（由代码模拟运算出结果）。
- E 列为升级总时间。
- F、G、H 列为换算时间。

等级	跑路	对话	杀怪		时	分	秒
1	115	20	4.2	139.2	0	2	19.2
2	86	10	16	112	0	1	52
3	30	10	0	40	0	0	40
4	41	10	6.6	57.6	0	0	57.6
5	85	20	6.2	111.2	0	1	51.2
6	39	20	0	59	0	0	59
7	41	50	50.2	141.2	0	2	21.2
8	214	50	51.2	315.2	0	5	15.2

图 5-31

5.2.3 变量介绍

在本案例中，我们将 VBA 代码分别放在 4 个模块中，如图 5-32 所示。

图 5-32

4 个模块介绍如下。

- "初始数据"模块中存放的是赋值功能代码，作用是将表格中的数据赋值给 VBA 变量。
- "构建图形"模块中存放的是所有将数据图形化的程序功能代码。
- "函数"模块中存放的都是与运算相关的函数。
- "主函数"模块中则存放了最关键的逻辑运算及一些其他功能的相关代码（对于一些不好分类的功能代码，就不强行划分类型了）。

本节将主要介绍"主函数"模块中的变量，因为其中的变量比较多而且用途广泛，其他模块中的变量当案例用到的时候再进行说明。"主函数"模块的代码如下：

```vba
Declare Function GetTickCount Lib "kernel32" () As Long
Public player_level As Double          '玩家角色等级
Public player_gold As Long             '玩家金币数
Public player_exp As Long              '玩家当前经验值
Public player_sumexp As Long           '玩家当前总经验值
Public player_maxexp As Long           '玩家当前等级升级所需的经验值
Public player_maxsumexp As Long        '玩家当前等级升级所需的总经验值
Public player_x As Double              '玩家的 X 坐标
Public player_y As Double              '玩家的 Y 坐标
Public player_npc As Double            '玩家的目标 NPC
Public player_task As Double           '玩家的目标任务
Public player_speed As Double          '当前玩家的初始移动速度
Public player_name As String           '玩家名
Public player_type As Integer
'玩家当前状态：0，待机；1，移动中；2，对话中；3，对战
Public target_x As Double              '玩家目标点 X
Public target_y As Double              '玩家目标点 Y
Public player_state As Double
'玩家当前状态：0，无；1，进入准备战斗状态；2，战斗移动；3，攻击状态
Public player_attdist As Integer       '玩家的攻击距离
Public player_hp As Double             '玩家的当前血量
Public player_maxhp As Double          '玩家的当前最大血量
Public player_mp As Double             '玩家的当前蓝量
Public player_maxmp As Double          '玩家的当前最大蓝量
Public player_ad As Double             '玩家的当前物理攻击力
Public player_dm As Double             '玩家的当前物理防御力
Public bullet_state As Integer
```

```
'子弹当前状态：0，没有；1，产生；2，移动
Public firstblood As Integer         '是否是怪物第一次生成血条
Public task_stage As Integer
'当前状态：0，接任务；1，交还任务；2，杀怪
Public text As String                '日志
```

基本上，上述代码中都是全局变量，也比较好理解，不做过多解释了。下面的代码是对类进行声明：

```
Public Type worldtime
    level As Integer        '对应等级
    run As Double           '移动时间
    talk As Double          '谈话时间
    kill As Double          '杀怪时间
End Type

Public Type npc
    x As Double             'NPC 坐标 X
    y As Double             'NPC 坐标 Y
    id As Long              'NPC 的 ID
    name As String          'NPC 名字
End Type

Public Type task
    id As Integer           '任务 ID
    level As Integer        '接任务所需的等级
    nextid As Integer       '下一个任务 ID
    name As String          '任务名称
    startnpc As Integer     '任务发布 NPC
    endnpc As Integer       '任务结束 NPC
    type As Integer         '任务类型：0，对话；1，杀怪
    monster As Integer      '任务需要击杀的目标
    mstnumber As Integer    '需要击杀的目标数量
    starttext As String     '对话开始文本
    endtext As String       '对话结束文本
    gotext As String        '显示在任务引导上的开始文本
    overtext As String      '显示在任务引导上的结束文本
    intext As String        '显示在任务引导上的持续显示的文本
    exp As Long             '完成任务可获得的经验值
    money As Long           '任务奖励钻石数
    gold As Long            '任务奖励金币数
```

```vba
End Type

Public Type actorability         '角色能力
    level As Integer             '玩家角色等级
    maxsumexp As Long            '升级所需的累计总经验值
    maxexp As Long               '升级所需的当前经验值
    hp As Long
    maxhp As Long
    mp As Long
    maxmp As Long
    ad As Long
    dm As Long
End Type

Public Type monster              '怪物能力
    id As Integer                '怪物 ID
    name As String               '怪物名字
    attdist As Integer           '怪物的攻击距离
    hp As Long
    mp As Long
    ad As Long
    dm As Long
End Type

Public Type kill_mst             '将要击杀的怪物
    battle As Integer            '是否进入战斗状态
    state As Integer
'怪物状态：0，无；1，进入准备战斗状态；2，战斗移动；3，攻击状态
    number As Integer            '怪物流水编号
    name As String               '怪物名字
    attdist As Integer           '怪物的攻击距离
    hp As Long
    maxhp As Long
    mp As Long
    maxmp As Long
    ad As Long
    dm As Long
    x As Double                  '怪物的坐标
    y As Double
    speed As Double              '怪物的速度
    attack As Integer            '怪物的攻击目标
End Type
```

```
Const kill_mst_number = 10      '可能会刷出的怪物数量
Const monsternumber = 10        '怪物种类数
Const actornumber = 100         '最多容纳100级角色数据
Const npcnumber = 10
Const tasknumber = 100          '目前最多做100个任务

Public worldtime(1 To 10) As worldtime   '目前只记录了10级游戏的时间数据
Public kill_mst(1 To kill_mst_number) As kill_mst
Public monster(1 To monsternumber) As monster
Public actor(1 To actornumber) As actorability
Public npc(1 To npcnumber) As npc
Public task(1 To tasknumber) As task
```

这里命名了 6 个类：worldtime 是一个用来记录时间的类；npc 是 NPC 的类；task 是任务类；actorability 是角色类，每级角色对应的属性值存放在这个类中；monster 是怪物类；kill_mst 是指定怪物 ID 后生成的不同属性值的此类怪物（比如，同样是野狗怪物，它可能会有很多只，每只的属性值都是不同的）。

其实在这里通过数组也可以实现同样的功能，数组的优势在于运算更便捷，但不易理解，大家可根据实际情况运用不同的方法。

5.2.4 程序解析

1. 主过程"开始模拟"

在"主函数"模块中，找到 Sub 开始模拟并运行。我们会按照代码逐步解析，过程可能会有点难懂，大家需要多多阅读、多多思考。相关代码如下：

```
Sub 开始模拟()
Dim tasktotal As Integer
tasktotal = 20
初始数据.初始 worldtime 属性
初始数据.初始 npc 属性 npcnumber
初始数据.初始 task 属性 tasknumber
初始数据.初始 actor 属性 actornumber
初始数据.初始 monster 属性 monsternumber
```

```
player_level = 1              '初始等级1
player_x = 10                 '初始坐标X
player_y = 600                '初始坐标Y
player_speed = 2 * 4          '当前玩家初始移动速度×地图缩放系数
player_name = "scvli"
player_type = -1
'玩家当前状态：-1，等待接任务中；0，待机；1，移动中；2，对话中；3，对战
player_task = 1               '初始第一个任务的序号为1

获取玩家当前战斗属性
构建图形.构建init

ActiveSheet.Shapes.Range(Array("player")).Select  '将玩家图片置于顶层
Selection.ShapeRange.ZOrder msoBringToFront
ActiveSheet.Shapes.Range(Array("bullet")).Select
'将子弹图片置于玩家图片上层
Selection.ShapeRange.ZOrder msoBringToFront
Range("A1").Select            '焦点回到A1

For i = 1 To tasktotal
 player_task = i
  a 开始任务                                 '传入任务序号
player_taskid = player_taskid + 1   '进入下一个任务
Next i

End Sub
```

首先命名一个任务总量 tasktotal，玩家循环做完这个数量的任务，程序就结束了，当前数据填充了 20 个任务，所以赋值 20。

接下来初始化数据，5 个初始数据对应的代码如下：

```
Sub 初始worldtime属性()
Dim i As Integer
For i = 1 To 10
   worldtime(i).level = 1
   worldtime(i).run = 0
   worldtime(i).talk = 0
   worldtime(i).kill = 0
Next i
End Sub
```

```
Sub 初始NPC属性(npcnumber As Integer)
Dim i As Integer
For i = 1 To npcnumber
    npc(i).x = Sheets("NPC坐标").Cells(2 + i, 5)
    npc(i).y = Sheets("NPC坐标").Cells(2 + i, 6)
    npc(i).id = Sheets("NPC坐标").Cells(2 + i, 1)
    npc(i).name = Sheets("NPC坐标").Cells(2 + i, 3)
Next i
End Sub

Sub 初始task属性(tasknumber As Integer)
Dim i As Integer
For i = 1 To tasknumber
    task(i).id = Sheets("任务数据").Cells(3 + i, 1)
    task(i).level = Sheets("任务数据").Cells(3 + i, 2)
    task(i).nextid = Sheets("任务数据").Cells(3 + i, 3)
    task(i).name = Sheets("任务数据").Cells(3 + i, 4)
    task(i).startnpc = Sheets("任务数据").Cells(3 + i, 5)
    task(i).endnpc = Sheets("任务数据").Cells(3 + i, 6)
    task(i).type = Sheets("任务数据").Cells(3 + i, 7)
    task(i).monster = Sheets("任务数据").Cells(3 + i, 8)
    task(i).mstnumber = Sheets("任务数据").Cells(3 + i, 9)
    task(i).starttext = Sheets("任务数据").Cells(3 + i, 10)
    task(i).endtext = Sheets("任务数据").Cells(3 + i, 11)
    task(i).gotext = Sheets("任务数据").Cells(3 + i, 12)
    task(i).overtext = Sheets("任务数据").Cells(3 + i, 13)
    task(i).intext = Sheets("任务数据").Cells(3 + i, 14)
    task(i).exp = Sheets("任务数据").Cells(3 + i, 15)
    task(i).money = Sheets("任务数据").Cells(3 + i, 16)
    task(i).gold = Sheets("任务数据").Cells(3 + i, 17)
Next i
End Sub

Sub 初始actor属性(actornumber As Integer)
Dim i As Integer
For i = 1 To actornumber
    actor(i).level = Sheets("角色数据").Cells(1 + i, 1)
    actor(i).maxexp = Sheets("角色数据").Cells(1 + i, 3)
    actor(i).maxsumexp = Sheets("角色数据").Cells(1 + i, 2)
    actor(i).maxhp = Sheets("角色数据").Cells(1 + i, 4)
    actor(i).maxmp = Sheets("角色数据").Cells(1 + i, 5)
```

```vba
   actor(i).ad = Sheets("角色数据").Cells(1 + i, 6)
   actor(i).dm = Sheets("角色数据").Cells(1 + i, 8)
Next i
End Sub


Sub 初始monster属性(monsternumber As Integer)
Dim i As Integer
For i = 1 To monsternumber
   monster(i).id = Sheets("monster").Cells(1 + i, 1)
   monster(i).name = Sheets("monster").Cells(1 + i, 2)
   monster(i).attdist = Sheets("monster").Cells(1 + i, 3)
   monster(i).hp = Sheets("monster").Cells(1 + i, 4)
   monster(i).mp = Sheets("monster").Cells(1 + i, 5)
   monster(i).ad = Sheets("monster").Cells(1 + i, 6)
   monster(i).dm = Sheets("monster").Cells(1 + i, 8)
Next i
End Sub
```

大家可以自己核对一下数据赋值过程，这里不做细致讲解。

除了初始化以上数据外，我们还需要给一些参数赋值。比如，玩家初始等级 1 级、任务初始 ID 等。

- player_x、player_y 是根据玩家角色出生点推算的坐标。
- player_speed 是根据对模拟地图大小、地图缩放系数及对玩家移动速度的设置综合计算得出的。
- player_name 代表玩家名，scvli 是我本人在某个公司的内部名。
- player_type 是对玩家状态机的简单分类，会影响玩家行为。初始状态为等待接任务中。

之后程序会运行"获取玩家当前战斗属性"过程，对应的代码如下：

```vba
Sub 获取玩家当前战斗属性()
player_attdist = 80      '攻击距离
player_maxhp = actor(player_level).maxhp
player_hp = player_maxhp
player_maxmp = actor(player_level).maxmp
player_mp = player_maxmp
```

```
player_maxexp = actor(player_level).maxexp
player_ad = actor(player_level).ad
player_dm = actor(player_level).dm
End Sub
```

首先是玩家的攻击距离 player_attdist，在这里将其设置为 80，这是一个远程职业。然后根据玩家的当前等级获取战斗相关属性。

再回到"开始模拟"过程中，接下来要运行"构建图形.构建 init"。对应的"构建图形"模块中的代码如下：

```
Sub 构建init()
clearshape                '删除所有图形
map_init                  '地图的初始化
player_map_init           '玩家初始坐标
npc_map_init              'NPC 初始坐标
player_init               '玩家头像的各种图形条
task_init                 '任务引导 UI
创建 NPC 头像
创建人物气泡
创建 NPC 气泡
创建怪物
创建怪物 HP 条
创建玩家子弹
End Sub
```

下面对以上代码中的参数逐个进行解释。

◆ **clearshape**

clearshape 是将所有图形清除掉，代码如下：

```
Sub clearshape()
ActiveSheet.Shapes.SelectAll    '删除所有图形
Selection.Delete
End Sub
```

◆ **map_init**

map_init 用于将地图绘制出来，其中的逻辑是循环生成多个颜色模块，本案例中只用到了一个颜色模块，所以循环数 i 的最大值为 1。后续则可以创建指定形状的图形代码，并对颜色及图形的其他属性进行定义，大家可自行研究，代码如下：

```
Sub map_init()
Dim i As Integer
Dim hang As Integer
Dim lie As Integer
Dim left As Integer
Dim top As Integer
Dim width As Integer              '宽
Dim height As Integer             '高
Dim namewidth As Integer
Dim nameheight As Integer
'-----------------------------------------初始 i 个场地块
For i = 1 To 1
    hang = Int((i - 1) / 3)
    lie = (i - 1) Mod 3
    left = 0 + hang * (240 + 20)
    top = 0 + lie * (240 + 20)
    width = 640
    height = 640
    namewidth = 50
    nameheight = 25
With Worksheets("战斗场景").Shapes.AddShape(msoShapeRectangle, _left,
top, width, height)                          '创建图形
    .name = "map" & i                        '图形名称
    .Line.Visible = msoFalse
    If i Mod 2 = 0 Then                      '判定奇偶
    .Fill.ForeColor.RGB = RGB(245, 222, 179) '图形颜色红色
    Else
    .Fill.ForeColor.RGB = RGB(143, 188, 143) '图形颜色绿色
    End If
End With
'-----------------------------------------创建名字
With Worksheets("战斗场景").Shapes.AddShape(msoShapeRectangle, _left,
top, namewidth, nameheight)                  '创建图形
```

```
    .name = "mapname" & i                           '图形名称
    .TextFrame2.TextRange.Characters.text = "map" & i
    .TextFrame2.TextRange.Font.Size = 14
    .Line.Visible = msoFalse
    If i Mod 2 = 0 Then                             '判定奇偶
    .Fill.ForeColor.RGB = RGB(105, 105, 105)        '图形颜色红色
    Else
    .Fill.ForeColor.RGB = RGB(105, 105, 105)        '图形颜色绿色
    End If
End With
Next i
End Sub
```

◆ **player_map_init**

player_map_init 是将代表玩家坐标的笑脸图形初始化绘制出来，代码如下：

```
Sub player_map_init()
Dim left As Integer
Dim top As Integer
Dim width As Integer             '宽
Dim height As Integer            '高
left = Sheets("Npc坐标").[e2]
top = Sheets("Npc坐标").[f2]
width = 25
height = 25
With Worksheets("战斗场景").Shapes.AddShape(msoShapeSmileyFace, _left,
top, width, height)                              '创建笑脸图形
    .name = "player"                             '图形名称
    .Fill.ForeColor.RGB = RGB(255, 222, 173)     '肉色底色
    .Line.ForeColor.RGB = RGB(112, 48, 160)      '紫色边框
End With
End Sub
```

◆ **npc_map_init**

npc_map_init 是将 NPC 图形初始化绘制出来，为了方便讲解，这里的坐标值并没有参考实际游戏中 NPC 之间的距离，代码如下：

```
Sub npc_map_init()
```

```vba
Dim i As Integer
Dim npcnumber As Integer            '目前地图上的NPC数量
Dim left As Integer
Dim top As Integer
Dim width As Integer                '宽
Dim height As Integer               '高
npcnumber = 10
For i = 1 To npcnumber
left = Sheets("Npc 坐标").Cells(2 + i, 5)
top = Sheets("Npc 坐标").Cells(2 + i, 6)
width = 60
height = 25
With Worksheets("战斗场景").Shapes.AddShape(msoShapeRoundedRectangle, _
left, top, width, height)         '创建圆角矩形图形
    .name = "npc" & i             '图形名称
    .TextFrame2.TextRange.Characters.text = npc(i).name
                                  'NPC 名字
    .TextFrame2.TextRange.Font.Size = 11
    .TextFrame2.TextRange.Font.Fill.ForeColor.RGB = RGB(16, 14, 14)
                                  '设置为黑色字
    .Fill.ForeColor.RGB = RGB(175, 238, 238)       '青色底色
    .Line.ForeColor.RGB = RGB(255, 246, 143)       '黄色边框
End With
Next i
End Sub
```

◆ **player_init**

player_init 是将玩家头像、玩家名、玩家角色等级、玩家血条、玩家蓝条、玩家经验条图形化，代码可在案例的表格中自行查询。

◆ **task_init**

task_init 是将任务信息框图形化，代码可在案例的表格中自行查询。

接下来是创建 6 个图形，在后续代码中会用到这些图形（这是个人习惯，我喜欢先把需要的图形创建好，放在某个地方，使用图形的时候直接改变其坐标即可），相关代码可在案例的表格中自行查询。

再次回到主过程"开始模拟"。之前创建了很多图形，但并没有对实现图形的优先级进行设置，所以在这里将视觉优先级高的图形置于顶层，代码如下：

```
ActiveSheet.Shapes.Range(Array("player")).Select    '将玩家图片置于顶层
Selection.ShapeRange.ZOrder msoBringToFront
ActiveSheet.Shapes.Range(Array("bullet")).Select
'将子弹图片置于玩家图片上层
Selection.ShapeRange.ZOrder msoBringToFront
Range("A1").Select            '焦点回到A1
```

最后这一步是将焦点重新带回到A1，之前的操作会将焦点转移到其他地方，不利于画面的统一性，所以必须执行这步操作。

接下来就是循环完成20个任务。

2. 过程"开始任务"

针对每一个任务，我们都会执行一次"开始任务"过程，代码如下：

```
Sub 开始任务()
tasklevel = task(player_task).level      '执行任务所需的等级
If tasklevel > player_level Then
MsgBox ("任务等级超出玩家角色等级")
End
Else      '只有任务等级小于或等于玩家角色等级，才可以执行任务
player_npc = task(player_task).startnpc '任务初始NPC为移动目标
task_stage=0                              '接受任务
构建图形.同步任务引导信息 task(player_task).gotext
玩家一直移动 npc(player_npc).x - 28, npc(player_npc).y + 0, player_speed
                                          '两个偏移量
任务对话
text = text & vbCrLf & "接受任务" & task(player_task).id
If task(player_task).type = 2 Then        '如果是杀怪任务，需要先去杀怪
task_stage=2                              '杀怪中
    构建图形.同步任务引导信息 task(player_task).intext
    刷怪
    人怪互攻流程
    构建图形.怪物全体复位
    Else
```

```
        End If
player_npc= task(player_task).endnpc        '任务结束NPC为移动目标
task_stage=1                                '交还任务
构建图形.同步任务引导信息 task(player_task).overtext
玩家一直移动 npc(player_npc).x - 28, npc(player_npc).y + 0, player_speed
                                            '两个偏移量
任务对话
获得任务奖励
text = text & vbCrLf & "完成任务" & task(player_task).id
End If
End Sub
```

首先判断执行任务所需的等级是否超出玩家角色等级，如果符合等级条件，那么就开始任务流程。然后确定任务初始 NPC，状态为接受任务状态，同时将任务引导信息同步到任务引导框。接着进入玩家的移动过程，我们用代码控制角色（那个笑脸图形）向目标 NPC 移动，代码如下：

```
Sub 玩家一直移动(target_x As Double, target_y As Double, playerspeed As Double)
  Dim dist As Double
  Dim time As Long
  Dim speedx As Double
  Dim speedy As Double
  player_x = 获取玩家最新坐标X
  player_y = 获取玩家最新坐标Y
  dist = 距离(player_x, player_y, target_x, target_y)
  speed = 速度(dist, playerspeed, target_x, target_y, player_x, player_y)
  time = speed(2)
  Do Until time <= 0
    '----------------------------------------------------------
    '运行，直到时间结束
    time = time - 1
    speedx = speed(0)
    speedy = speed(1)
    If dist >= 2 Then
      With ActiveSheet.Shapes("player")
        .IncrementLeft speedx
        .IncrementTop speedy
      End With
```

```
DoEvents
    起搏器 10
    移动时间增加
Else
End If
player_x = 获取玩家最新坐标 X
player_y = 获取玩家最新坐标 Y
Loop
End Sub
```

在玩家角色移动之前，我们首先获取玩家角色的坐标，然后根据距离函数计算出玩家角色与目标点之间的距离。然后用距离推算出合理的移动速度和移动所需的时间。再次循环这一过程并控制玩家角色移动，在过程中进行时间统计。

在玩家角色移动到目标点之后，开始任务对话，并将相关图形信息显示出来。到此为止成功接受任务。

接下来判断任务是否是杀怪任务，如果是就先去杀怪，并将任务类型改为杀怪类型，同时将任务相关信息同步到任务信息框中。接着运行刷怪流程。在这里需要说明一下，真实游戏中的刷怪机制是由服务器程序控制的，它与玩家行为是并行的。而我们在这里出于方便模拟及提高效率的考虑，采用的是接受杀怪任务后才触发刷怪机制的做法。刷怪代码如下：

```
Sub 刷怪()
Dim random As Integer
Randomize
random = Application.WorksheetFunction.RandBetween(task(player_task).mstnumber, task(player_task).mstnumber + 2)   '每次随机生成的刷怪数量
    test                                              '刷怪随机生成的 10 个区域
    初始化数据.初始化 kill_mst 属性 random
    图形化怪物 random
End Sub
```

刷怪时，首先运行了一次 Randomize 函数，初始化随机数生成器。然后取一个随机怪物数量（不能小于任务需求数）。这里的 test 函数略复杂，细节不做过多讲解，

这个函数的作用是将怪物的刷新地点打散，因为我不希望集中在地图的某个区域刷怪。感兴趣的读者可以自行研究。

有了刷怪区域和刷怪数量之后，我们初始化怪物属性并将其图形化表达出来。然后回到"开始任务"过程中，接着进入"人怪互攻流程"。"人怪互攻流程"过程名定义得可能不是特别合适，其实是进入了玩家角色寻找怪物、击杀怪物的过程。

3. 过程"人怪互攻流程"

"人怪互攻流程"过程的代码如下：

```
Sub 人怪互攻流程()
Dim i As Integer
Dim attacktime As Integer          '玩家的攻击间隔时间，目前被设计为1秒
Dim monsterattacktime As Integer
Dim number As Integer              '指定的杀怪数量
Dim player_tag As Integer          '选择杀怪目标
Dim dist As Integer                '距离
number = task(player_task).mstnumber
For i = 1 To number
attacktime = 10
monsterattacktime = 10
player_firstadd = 1
monster_firstadd = 1
player_tag = i
Do Until player_hp <= 0 Or kill_mst(i).hp <= 0
'以0.1秒为基础单位判断人怪行为
玩家状态机 i
怪物状态机 i
子弹状态机
'---------------------------------------玩家的行为
If player_state = 2 Then
玩家每次移动 kill_mst(i).x, kill_mst(i).y, player_speed
起搏器 10
移动时间增加
ElseIf player_state = 3 Then       '已经到达了攻击距离
    If player_firstadd = 1 Then
    玩家攻击怪物 i
    attacktime = 10
```

```
            player_firstadd = 0                    '首次攻击结束
        Else
            If attacktime = 0 Then                 '每秒攻击1次
                玩家攻击怪物 i
                attacktime = 10
            End If
        End If
attacktime = attacktime - 1
杀怪时间增加 0.1 秒
Else
End If
'----------------------------------------怪物的行为
If kill_mst(i).state = 2 Then
怪物每次移动 i, player_x, player_y, kill_mst(i).speed
起搏器 10
ElseIf kill_mst(i).state = 3 Then                  '已经到达了攻击距离
    If monster_firstadd = 1 Then
        怪物攻击玩家 i
        monsterattacktime = 10
        monster_firstadd = 0                       '首次攻击结束
        Else
            If monsterattacktime = 0 Then          '每秒攻击1次
                怪物攻击玩家 i
                monsterattacktime = 10
            End If
        End If
monsterattacktime = monsterattacktime - 1
Else
End If
'----------------------------------------子弹的行为
If bullet_state = 2 Then                           '子弹移动
子弹每次移动 i, 10                                 '第2个参数为子弹速度
Else
End If
Loop
Next i

End Sub
```

首先获取任务需要击杀的怪物数量 task(player_task).mstnumber，然后循环击杀这些怪物，在这里将 100 毫秒作为最小的计算单位。接着假设玩家和怪物的攻击速度

都为每秒 1 次，玩家和怪物的首次出手时间均为 100 毫秒。在一般的机制下，玩家开始就是可以攻击的，即首次无 CD（Cool Down Time 的缩写，指的是释放一次技能［或使用一次物品］到下一次可以释放这种技能［或使用这个物品］的间隔时间）。

针对玩家角色和怪物做一个循环，直到有一方被击杀为止。在这个过程中，我们会用状态机来管理玩家、怪物和子弹。

玩家状态机的代码如下：

```
Sub 玩家状态机(i As Integer)
dist = 距离(player_x, player_y, kill_mst(i).x, kill_mst(i).y)
If dist > player_attdist Then    '与怪物的距离大于攻击距离
    player_state = 2              '距离不够近，状态变为移动状态
Else
    player_state = 3              '距离足够近，开始攻击
End If
End Sub
```

这是一个非常简单的玩家角色状态机设计。当玩家角色和怪物距离不够近时，玩家处于移动状态，而在距离足够近之后切换为攻击状态。

怪物状态机也是一样的道理，不同的是目前设计的怪物都是被动怪物，只有在玩家攻击后其才会响应状态变化（我们用的方式是子弹击中怪物后，怪物进入战斗准备状态来响应状态变化），代码如下：

```
Sub 怪物状态机(i As Integer)
player_x = 获取玩家最新坐标X
player_y = 获取玩家最新坐标Y
kill_mst(i).x = 获取怪物最新坐标X(i)
kill_mst(i).y = 获取怪物最新坐标Y(i)
dist = 距离(player_x, player_y, kill_mst(i).x, kill_mst(i).y)
If kill_mst(i).battle = 1 Then       '只有进入战斗准备状态后，才会判断距离
    If dist > kill_mst(i).attdist Then    '与玩家角色的距离大于攻击距离
        kill_mst(i).state = 2              '距离不够近，状态变为移动状态
    Else
        kill_mst(i).state = 3              '距离足够近，开始攻击
    End If
```

```
		Else
		End If
End Sub
```

子弹状态机就比较简单了，只要生成了子弹，其就会变成移动状态。大家可以自行查看代码。

再回到"人怪互攻流程"过程中，对玩家行为进行判断并执行对应的事件。如果玩家角色处于移动状态，那就向目标移动；如果到达了攻击距离，那么就开始攻击。攻击时要注意对首次出手时间及攻速的判断，攻击之后要计算攻速CD及杀怪时间的累计。怪物的行为判断也是如此，只是不用再计算一次杀怪时间的累计。

再下来是对子弹行为进行判断。此处会比前面所述略复杂一点。在击中目标之后，要移除子弹，改变怪物状态，计算伤害值，显示血条，扣除伤害值，再次显示血条。对应的代码如下：

```
Sub 子弹每次移动(i As Integer, bullet_speed As Double)
Dim player_damage As Integer
Dim x As Double
Dim y As Double
Dim dist As Double
Dim time As Long
Dim speedx As Double
Dim speedy As Double
    x = 获取子弹最新坐标X
    y = 获取子弹最新坐标Y
    target_x = 获取怪物最新坐标X(i)
    target_y = 获取怪物最新坐标Y(i)
    dist = 距离(x, y, target_x, target_y)
    speed = 速度(dist, bullet_speed, target_x, target_y, x, y)
    speedx = speed(0)
    speedy = speed(1)
    time = speed(2)
    If dist >= 25 Then              '当与目标的距离大于指定值时，子弹移动
        With ActiveSheet.Shapes("bullet")
            .IncrementLeft speedx
            .IncrementTop speedy
        End With
```

```
            起搏器 10
    Else                                '子弹命中目标，开始相关计算流程
    bullet_state = 0                    '击中目标后子弹状态发生变化
    构建图形.移出玩家子弹                '火球命中怪物，移出子弹
    kill_mst(i).battle = 1              '怪物进入准备战斗状态
        If firstblood = 0 Then          '首次伤害才生成血条
        构建图形.出现怪物血条 i          '受到攻击并显示血条
        firstblood = 1
        Else
        End If
    player_damage = 伤害怪物公式(i)
    扣除怪物 HP 逻辑 player_damage, i
    End If
    x = 获取子弹最新坐标 X
    y = 获取子弹最新坐标 Y
    target_x = 获取怪物最新坐标 X(i)
    target_y = 获取怪物最新坐标 Y(i)
End Sub
```

4. 再次回到过程"开始任务"

执行完"人怪互攻流程"过程后，程序再次回到"开始任务"过程中。接下来是将怪物图形移动到画面外，对应的过程是"构建图形.怪物全体复位"。

然后指定任务结束 NPC 为移动目标，状态变为交还任务，将任务信息同步到任务信息框，玩家角色移动到 NPC 附近，执行任务对话，获得任务奖励，对应的代码如下：

```
player_npc=task(player_task).endnpc
'任务结束 NPC 为移动目标
task_stage=1    '交还任务
构建图形.同步任务引导信息 task(player_task).overtext
玩家一直移动 npc(player_npc).x - 28, npc(player_npc).y + 0, player_speed
    '两个偏移量
任务对话
获得任务奖励
```

下面再介绍一下"获得任务奖励"过程，对应的代码如下：

```
Sub 获得任务奖励()
Dim exp As Long
exp = task(player_task).exp
结算人物经验 exp
End Sub
```

上面这段代码非常简单，不再细讲，重点在"结算人物经验"过程上，对应的代码如下：

```
Sub 结算人物经验(exp As Long)
  'player_maxsumexp = actor(player_level).maxsumexp
'人物总经验值上限
    player_maxexp = actor(player_level).maxexp
    player_exp=player_exp+exp                '单级经验值++
    player_sumexp=player_sumexp+exp          '总经验值++
Do While player_exp>=player_maxexp
'计算角色升级所需经验值，循环判断当前经验值是否满足升级所需经验值，满足条件则角
'色升级，继续判断，直到条件不符合。
  生成时间记录
  '将当前等级的时间分布统计出来
    player_exp = player_exp - player_maxexp
'升级后扣除上限经验值
    player_level = player_level + 1
    text = text & "人物升级到" & player_level & ","
    text = text & "当前经验值" & player_exp
    player_maxexp = actor(player_level).maxexp
'获取经验值上限
    获取玩家当前战斗属性
    将玩家HP信息同步
Loop
    将玩家经验值信息同步
End Sub
```

这里一定要注意，玩家获得的经验值可能大于升级 1 级所需的经验值，所以一定要判断玩家到底升到了多少级。我们在这里使用了一个循环，读者也可以选择其他方式（也可以采用直接判断总经验值的算法）。真实的游戏逻辑也是如此，有经验的程序员基本都不会在这里出问题，但我们还是要仔细验证。

5.2.5 模拟用途

本案例和之前讲解的案例不太一样,之前的案例在真实的项目中使用过,而本案例未在真实的项目中使用过。

我当年做 MMORPG 的时候其实想过很多种设计方案,但无奈当时入行尚浅,知识储备不足,所以在做项目的时候,很多数值上的推算都不太严谨。在这里,为大家讲解本案例也是希望如果有读者做 MMORPG,可以使用书中的知识把项目做得更好。

第 6 章
运营策划与数据统计

本章介绍的内容主要与游戏上线后的事情息息相关。开发完一款游戏其实仅仅完成了一半工作，没有上线验证过的游戏往往不具备说服力，并且有些设计只有结合了数据统计才能验证方案的合理性。此外，上线后的游戏设计方向会受当前运营情况影响。

6.1 网络游戏的运营环节

可以定义网络游戏的运营为通过自主开发游戏或取得其他游戏开发公司游戏授权的方式，以出售游戏时间/游戏道具、为用户提供增值服务和游戏内置广告为途径获得收入的过程（MMORPG 目前主要使用的是道具付费模式）。

网络游戏运营的核心目的就是维护游戏正常运行、持续发展，尽可能留住玩家，从中获取商业利益。

网络游戏的运营其实与其他商业产品的运营是一样的。将游戏产品与商店里的货品进行对比，就会发现两者有惊人的相似之处，如图 6-1 所示。

图 6-1

下面先来对比第一个模块。货品在上架之前，要进行产品分析、制定定价策略和进行货品摆放等。简单来说就是，货品面向哪些人该卖多少钱，怎么让他们买得更爽快，这些都是设计好的。再来看一款网络游戏的立项过程，在这一过程中产品分析、市场调查、产品定位、用户画像等都是要考虑的。若没有完备的方案，则几乎不可能成功立项（我说的是大公司的正规流程）。对于游戏来说，也是同样的道理，游戏面对的是哪些玩家，道具该卖多少钱，怎么赚这些玩家的钱，这些也都是设计好的。

再来看第二个模块，你可能更容易理解。不管是游戏产品还是货品，它们都需要更多的用户来玩或看到。网络游戏为了吸引用户一般采取的方式是媒体投放、网吧活动、市场推广等手段（曾经网吧活动是非常重要的推广手段，各厂商甚至会因竞争而大打出手，但目前随着计算机普及，网吧活动的性价比降低，慢慢地被弃用了）。而大家应该很熟悉货品的市场推广方式，如做广告、发传单、喊口号等。

到了第三个模块，用户都吸引来了，这时应该刺激消费了。网络游戏一般都会做商城促销、赠送双倍经验值、线下活动、游戏活动等；而货品常用的手段则是促销活动、店庆等。

6.2 运营策划

在我的书友群中有这么一群人,他们不是游戏开发人员但更关注数值,他们就是运营策划。在一款网络游戏的运营环节中,运营策划最重要的工作有如下几点。

(1)游戏推广。

(2)游戏活动。

(3)数据分析。

对于前两点,大家比较容易理解,而对于数据分析这部分工作其实不同岗位的人关注点不同。一般情况下,运营策划更关注与运营相关的数据分析,更关注的是结果,比如今天赚了多少钱、多少人付费了等。数值策划则更注重游戏内部的数据分析,比如今天玩家紫色装备的普及率、玩家存量银两等,这些数据可能暂时不会对游戏营收或玩家留存率产生影响,但长远来看肯定会有影响。

鉴于有不少读者可能对运营策划感兴趣,我们在这里就详细介绍一下运营工作内容。

6.2.1 游戏推广

1. 概述

一款网络游戏产品会受多个方面的市场因素影响,大致可以归结为以下 6 个方面,如图 6-2 所示。

第 6 章 运营策划与数据统计 | 215

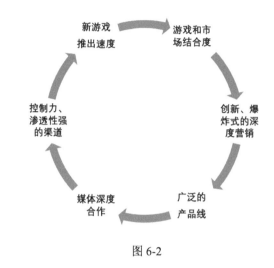

图 6-2

图 6-2 中的有些方面是运营策划可以自己努力实现的,而有些则需要其他同事协助完成。下面介绍一些具体的工作职责,它们可以归结为一张图,如图 6-3 所示。

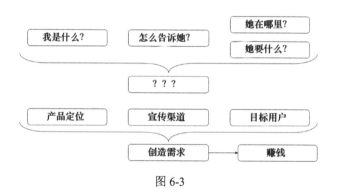

图 6-3

从图 6-3 可以总结出,游戏推广主要有 3 点工作内容。

(1)产品定位。

(2)宣传渠道。

(3)目标用户。

而它们之间的相互关系如图 6-4 所示。

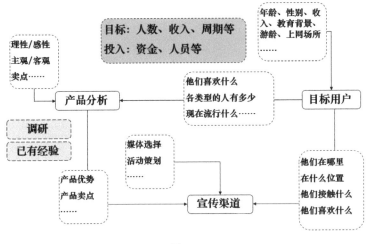

图 6-4

2. 产品定位

游戏推广最核心的目的就是将用户吸引到你的游戏中来。网络游戏在设计之初都有自己的定位，首先要弄清楚"我是什么"，然后才能更好地推广自己。举个例子，在真实的生活中，你要卖可乐，那么你觉得是年轻人买得多还是年纪大的人买得多？游戏也是如此，我们通常会给游戏做一个定位分析，如图 6-5 所示。

类型：MMORPG、休闲、竞技、策略、FPS等
图形：2D、2.5D、3D、横板等
风格：日式卡通、美式卡通、写实等
收费：时长收费、道具收费等
地图大小：超大、大型、中型、小型等
游戏背景：武侠、东方古代、架空西方魔幻、西方古代等
核心玩法：升级、装备打造、团队探险、PK、生活、休闲聊天等
游戏系统：拍卖系统、公会系统、聊天系统、摆摊、师徒、公告、刺杀系统等

图 6-5

准确的产品定位可以帮助我们做到更好地吸引目标用户，从而提升用户的转化率。下面再深入地分析一下，如图 6-6 所示。

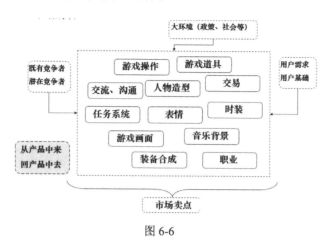

图 6-6

上述产品定位更多的是面向用户层面，而站在公司角度来看产品定位则是完全不同的。由于产品定位往往还决定了公司要投入的推广成本及与其相关的配套资源，所以更要慎重考虑。在通常的情况下，公司会将产品划分为 4 种类型。

- 低增长但占有高市场份额的游戏产品。通常其产品运营处于成熟阶段、无须大量资金投入来维持用户群体份额。因此其利润率较高，能为公司赚取大量现金。
- 高增长但占有低市场份额的游戏产品。其前途未定（或成为明日之星，或归于衰微）。其通常需要公司近期内投入大量现金（远多于其为公司赚取的现金）。
- 低增长且占有低市场份额的游戏产品。这类产品通常处于下降阶段，盈利能力很差且可能需要耗费大量现金。对于这类产品，一般应逐渐减少其市场营销活动和逐步削减其运营成本。
- 高增长且占有高市场份额的游戏产品。这类产品决定了公司的前途，虽然其常常耗费的现金大于赚取的现金，但公司应该加大对这类产品的持续投资，以维持其高速增长。

3. 宣传渠道

目前主流的宣传渠道如下。

- 媒体广告（专业类/非专业类媒体，有网络媒体、SEM、平面杂志、报纸、电视、电台、电影院、地铁、公交车等）。
- 新闻炒作（软文、专访、专题、游戏截图、BBS、公会、Blog、视频、评测、明星或美女代言、美女玩家、游戏漫画、静态电影、Cosplay、邮件推广等）。
- 地面推广（网吧推广、校园推广、玩家见面会、主题游园、线下比赛、游戏展会、美女试玩推广等）。

宣传推广最难的地方在于以尽可能低的成本换取尽可能好的效果。行业经验丰富的运营人员多半都有自己的资源。

4. 目标用户

用户画像是目前对目标用户进行分析最重要的手段。用户画像指通过生动描绘用户的特点，把一类用户抽象成一个人，用这个人来描绘这一类人。也就是说，要找到一些符合目标特点的潜在用户进行调研，然后生动地描绘调研用户的特点。

下面举一个舞蹈类游戏的例子，用户画像如下。

- 年龄：以大学生、中学生为主，是喜欢时尚的年轻人。
- 性别：男女比例 8∶2。
- 上网场所：家里 65%、网吧 25%、学校 10%等。
- 游戏时间：下班、放学后，19~22 点是玩游戏高峰时间。
- 主要消费：游戏内的纸娃娃系统，占 80%。
- 兴趣点：
  - 15%的人喜欢看游戏里的舞蹈。
  - 43%的人纯属无聊。
  - 21%的人为了让角色穿游戏里好看的衣服。

- 10%的人为专门学习跳舞。
- 11%的人因为其他原因玩这款游戏。

6.2.2 游戏活动

1. 目的

游戏活动是网络游戏运营工作的重中之重,活动策划得好坏、执行得是否到位,直接影响到一款游戏的生命周期和营收能力。

对游戏公司来讲,游戏活动的主要目的有以下 3 点。

(1)提升收入。

(2)提升玩家黏性、活跃度,提升玩家留存率,甚至是让老用户回归游戏。

(3)反哺推广,为推广提供素材与话题。

为了吸引玩家参与游戏活动,必须给予玩家一定价值的奖励。游戏活动所能投放的奖励价值根据游戏类型的不同而有所不同。MMORPG 由于系统丰富、物资磅礴,投放一次性奖励一般对游戏影响不大。但我们要尽量避免做无限制的促销活动,这种活动容易降低和透支产品未来的利润。因为 MMORPG 一般都是做长线营收的,而游戏本身的研发成本比较高,所以如果游戏只运营 1 年,几乎很难赢利。页游的 ARPG(动作角色扮演类游戏)则是另一种策略,它们走的是滚服策略(滚服是指经常开新服,合并老区)。在这种策略下,前期的游戏活动对玩家付费的刺激是很惊人的,活动的核心目的是让玩家在更短的时间内花更多的钱。当玩家流失较多的时候,再将几个服务器的玩家合并在一起来保持单个服务器上的玩家数量。这种策略导致不同游戏的数值设计也是不同的,我们需要不断推出更多的属性来贩卖,所以一定要做好数值设计的拓展性。

设计游戏活动时同样要考虑到数值平衡性。各阶层的玩家在活动中的付出与收益是否公平？会不会导致他们抱怨，这些都需要进行衡量。针对每个细节，想得越多，最终效果越理想。

一般在做游戏活动时，都会先列举一些要点，这样可以更方便地设计活动。要点如下。

（1）针对的是哪部分用户？

免费用户、小额付费用户、大用户、公会用户、个人用户等。

（2）活动的目的是什么？目前游戏处于哪个阶段？

目的是提升玩家活跃度、提高玩家付费率、提升 ARPU（每个用户的平均收入）、提高留存率、增加在线人数、降低游戏通货膨胀程度、降低玩家手中资金留存率等。

（3）希望通过活动刺激在线玩家拉新，还是刺激玩家消费？

除此之外，开放游戏活动的时间要保证多样性和合理性，要让玩家在不同时间都可以参与不同类型的游戏活动（半夜可以留几个小时不做活动，让玩家休息）。这有点像我们日常生活中吃饭的场景，均衡膳食、合理搭配才能让人更有胃口，若只吃肉或只吃菜，那么人很快就会没有胃口。一天内的游戏活动安排示例如图 6-7 所示。

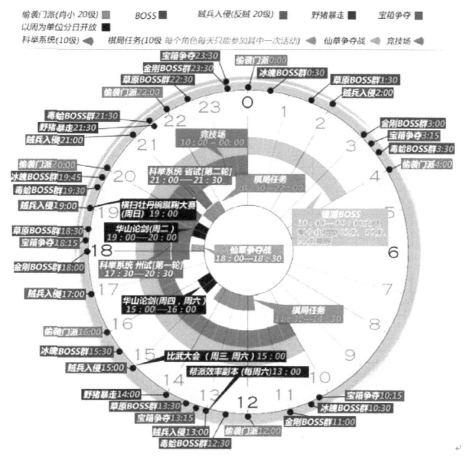

图 6-7

2. 节日

说到节日，大家想到的肯定是国家的法定节假日，但如果只在节日那天做活动，那么是远远不能满足游戏运营的需求的。对于游戏运营来说，逢节必过，小节大过，大节狂过，没有节日创造节日过。这一说法虽然有些夸张，但道理就是这样的。说到 11 月 11 日，大部分人都会联想到淘宝的"双十一"，其实这一天原本叫光棍节，而且 1 月 11 日和 11 月 1 日是小光棍节，11 月 11 才是大光棍节（幸亏 1 月 1 日是元旦，不然就变成小小光棍节了），每年淘宝在这几个节日的交易量都非常大，由此可见节日对游戏活动的重要性。

3. 分类

游戏活动可以按照多个角度进行分类。如果按活动时间和活动等级划分，结果如图 6-8 所示。

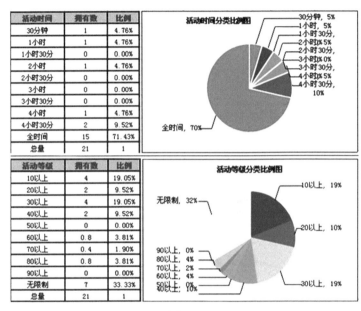

图 6-8

对游戏活动的分类主要可以帮助运营策划来平衡时间段和等级段的活动数量。

游戏活动按参与方式又可分为线上活动和线下活动。

线下活动一般有：

（1）征集类活动。

（2）评选类活动。

（3）论坛类活动。

（4）抽奖类活动。

（5）与实体店联动活动。

线上活动则更为丰富，完全可以按照游戏需求定制活动，下面只列举一些常见活动。

（1）冲级类活动。

（2）帮派类活动。

（3）问答类活动。

（4）BOSS 类活动。

（5）在线类活动。

（6）寻宝类活动。

（7）经验类活动。

（8）充值类活动。

（9）抽奖类活动。

以上这些简单的分类不足以让大家了解游戏活动的设计思路。下面我再举几个具体类型的游戏活动来解析运营策划的游戏活动设计要点。

◆ 征集类活动

表现方式：征集玩家攻略、玩家心情、Bug 建议、游戏视频、游戏截图、照片等，有时会组建玩家记者团，并给予记者一定的奖励。

活动地点：官方论坛、媒体、官网活动专题页等。

适用范围及目的：在玩家间形成话题，提高玩家活跃度、兴趣度、参与度，进行游戏宣传；了解玩家的建议和想法，将其作为运营游戏及修改游戏的参考。

活动奖励：游戏内价值不高的道具，论坛虚拟币，新闻宣传、称号等。

◆ 评选类活动

表现方式：美女评选、代言人评选、人气玩家评选、人气公会评选等，并给予获奖者一定的奖励。

活动地点：活动专题页、游戏内等。

适用范围及目的：利用拉票，增进游戏内玩家之间的联系，让玩家拉游戏外的玩家来投票，加大游戏的宣传力度；利用美女等制造话题，吸引公众眼球。

活动奖励：现金、实物等，新闻宣传，荣誉性称号（最美玩家、最具人气玩家等），代言人。

◆ 充值类活动

表现方式：针对充值玩家专门开展的活动，玩家能通过活动来获取比平时更多的优惠。

活动地点：官网充值系统。

适用范围及目的：提升玩家付费率、提升玩家 ARPU、刺激玩家消费；增加游戏整体递延收入；提高玩家的兴趣度。

活动奖励：更多的充值金额；更多的虚拟物品奖励。

举例：充值返点、充值比赛、循环送、冲 1 元得百元礼包等。

终极目的：压榨用户价值（如常见的买 1 瓶饮料送 1 升大瓶饮料），抽干用户消费力，从而使用户"没有能力"再消费其他游戏。

◆ 抽奖类活动

表现方式：让玩家通过少量的投入来博取获得超级大奖的机会，如宝箱、转盘、许愿树、最小不重复数字等。

活动地点：游戏内、活动专题页。

适用范围及目的：以极品道具为诱饵，利用玩家赌博心理，获取高额收入；此类活动也适用于发放内测激活码、新手卡、VIP 卡等。

活动奖品：大奖为游戏内的超级道具、高档物品或高价实物奖品等；普通奖品为游戏内的普通道具、常用物品等；以及内测激活码、新手卡、VIP 卡等。

◆ 比赛类活动

表现方式：以个人为单位，根据各种游戏的不同特性举办各种方式的比赛，如 PK 大赛、武林大会、赛车比赛等。

活动地点：游戏内。

适用范围及目的：激发玩家"出人头地"的热情，提高玩家的游戏兴趣度，增加游戏收入；作为宣传的噱头，吸引眼球。

活动奖品：游戏内的道具奖励，称号奖励，新闻宣传，现金、实物奖励等。

◆ 帮派类活动

表现方式：针对帮派、家族、公会、行会等进行的活动，如公会对抗赛、势力比拼、夺城战等。

活动地点：游戏内。

适用范围及目的：利用公会的凝聚力，玩家团体作为启动者，让玩家体验到团队对抗的乐趣，提高玩家的兴趣度，增加游戏收入。

活动奖品：适合公会的奖励，如公会称号、公会城邦、公会道具、宠物等；普通成员会获得游戏内道具。

◆ 冲级类活动

表现方式：在一定的时间内，冲到指定等级或冲级最高的人获得奖励。可以根据等级，也可以根据游戏内的其他数据，如拥有的虚拟币数、声望、威望、极品道具数等作为评判依据。

活动地点：游戏内。

适用范围及目的：一般适用于游戏开服阶段，用这类活动吸引玩家持续玩游戏，增加玩家黏性；提前给玩家高级装备，吸引玩家持续玩游戏；增加玩家在线时长，提升游戏的火爆人气。

活动奖品：游戏内中档虚拟道具奖励，一定的现金、实物奖励，新闻宣传。

◆ 经验类活动

表现方式：在特定时段，给予高于平时的经验值、爆率奖励，让玩家体验"爽快感"。

活动地点：游戏内

适用范围及目的：提升高峰时段服务器在线人数，这是运营网络游戏最常用的手段之一；增加玩家在线时长；增加游戏收入。

活动奖品：高于平时的游戏经验值、爆率。

- **BOSS 类活动**

表现方式：在特定时段，设置特定的 Boss，让玩家去打，以获得平时无法得到的道具，或者更多的经验值奖励，如节日 Boss、怪物攻城等活动。

活动地点：游戏内。

适用范围及目的：增加玩家在线时长，提高玩家的兴趣度，提升游戏服务器上的人气；增加游戏收入。

活动奖品：平时无法得到的道具、宠物等；更多的经验值、道具等。

- **问答类活动**

表现方式：让玩家在游戏内回答问题，从而获得奖励。根据玩家连续回答对的题目数或者答题正确率给予玩家不同的奖励。

活动地点：游戏内。

适用范围及目的：通过回答与游戏相关的问题，增加玩家对游戏的了解程度；通过纯娱乐类活动，增加玩家的游戏乐趣。

活动奖品：游戏内普通奖品。

- **寻宝类活动**

表现方式：通过系统设置或 GM（GM 是 GameMaster 的缩写，代表游戏管理员）人工操作，让玩家在地图的某个地方得到某样游戏内道具。

活动地点：游戏内。

适用范围及目的：通过纯娱乐性活动，增加玩家的游戏乐趣。

活动奖品：游戏内普通道具、虚拟币等。

4. 支持

在运营策划设计好游戏活动之后，往往需要多个部门的支持才能实施活动。

◆ **GM Tools**（管理员管理工具）

可实现功能：修改角色坐标、拉人、踢人、禁言、公告、隐身、制造/销毁物品、制造/销毁 NPC、调整等级/声望等数据、查看玩家状态等。

游戏支持

是否需要脚本，是否涉及开发新道具、新 NPC、地图等内容，游戏内是否有数据挖掘工具。

网站支持

活动前、中、后的新闻宣传，专题页的设计、开发等。

以体量较大的公司为例，游戏活动所涉及的部门有：

- 项目组。
- 游戏开发部。
- 网站制作部。
- 美术设计部。
- 客户服务部。
- 系统开发部。
- 充值计费部等。

由此可见要实施游戏活动需要跨多个部门合作，所以有兴趣做运营策划的读者必须具备高效的沟通技巧和协调能力。

6.2.3 数据分析

数据分析是游戏运营工作中非常重要的一环，可以说是运营策划制定运营策略的重要参考因素。运营策划关心的核心数据如下。

与人数相关的数据

- 最高在线 PCU（Peak Concurrent User）。
- 平均在线 ACU（Average Concurrent User）。
- 平均在线时间 TS（Time Spending）。
- 注册用户 RU。
- 活跃用户 AU（每个公司的具体算法规则都不一样）。
- 登录用户 UV。
- 付费账号 PU、活跃付费账号 APA、充值与消耗金额。
- 人均消费 ARPU（Average Rate Per Unit）。
  - ▶ 每月总收入除以月付费用户数（月 ARPU）。
  - ▶ 每日总收入除以日付费用户数（日 ARPU）。

以上数据实时监控（按天统计分析），精确到每小时。

与收入相关的数据

- 充值金额。
- 消耗金额、消耗 ARPU，用于上市公司进行财务统计。

以上数据实时监控，按天统计分析。

1. 运营统计

ACU、PCU 按天分析图，如图 6-9 所示（其中横坐标代表日期，纵坐标代表在线用户数）。

游戏玩家流失率重要节点分布分析，如图 6-10 所示。

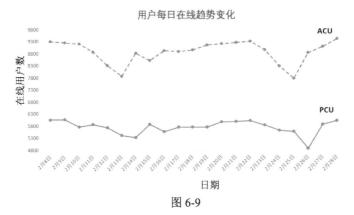

图 6-9

	1区	2区	3区	4区	5区	6区
初始化页	15.0%	15.0%	15.0%	15.3%	17.4%	16.5%
选线+创建角色	25.2%	13.6%	7.8%	11.3%	13.8%	10.1%
1级	13.8%	17.9%	18.0%	22.2%	24.2%	24.9%
5级	10.0%	10.7%	9.7%	12.6%	11.7%	10.7%
6级	9.8%	10.4%	10.0%	12.7%	11.0%	9.2%
7级	5.4%	5.9%	5.5%	7.0%	6.0%	5.2%
几项累计	79.3%	73.5%	65.9%	81.2%	84.1%	76.6%
统计时点【开服后算起】	50天	35天	27天	57天	43天	30天

图 6-10

游戏玩家各等级流失率趋势分布图如图 6-11 所示（其中横坐标代表玩家角色等级，纵坐标代表玩家流失率）。

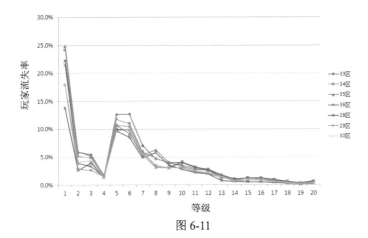

图 6-11

游戏用户等级分布图如图 6-12 所示。

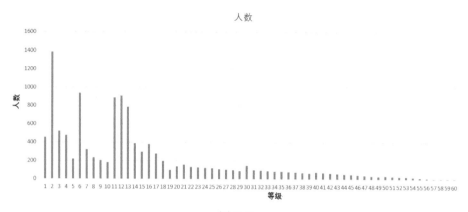

图 6-12

2. 研发统计

上面给大家展示的截图偏图形统计,这些图的作用是呈现结果。下面给大家展示的表格数据更重要,它们是早期 MMORPG 真实的统计数据。大家可以借鉴其中的统计方法,这些表格中的数据是图形统计的数据来源。

玩家职业等级分布统计如图 6-13 所示。

时间	角色类型	人数	平均等级	1-9级	10-19级	20-29级	30-39级	40-49级	50-59级	60-69级	70-79级	80-89级	90-99级
2007/10/11	冰火行者(男)	0		0	0	0	0	0	0	0	0	0	0
2007/10/11	圣光使者(男)	0		0	0	0	0	0	0	0	0	0	0
2007/10/11	无双影者(男)	0		0	0	0	0	0	0	0	0	0	0
2007/10/11	御剑圣者(男)	0		0	0	0	0	0	0	0	0	0	0
2007/10/11	飞天武者(男)	0		0	0	0	0	0	0	0	0	0	0
2007/10/11	法师(男)	4476	24.8	0	1617	1629	843	255	102	30	0	0	0
2007/10/11	药师(男)	1983	26.4	0	636	684	398	179	65	21	0	0	0
2007/10/11	刺客(男)	3736	25.4	0	1358	1237	728	268	104	41	0	0	0
2007/10/11	剑客(男)	3856	25	0	1409	1371	704	256	84	32	0	0	0
2007/10/11	战士(男)	3188	22	0	1556	1065	425	99	31	12	0	0	0
2007/10/11	初行者(男)	6974	6	5201	1728	41	3	1	0	0	0	0	0
2007/10/11	冰火行者(女)	0		0	0	0	0	0	0	0	0	0	0
2007/10/11	圣光使者(女)	0		0	0	0	0	0	0	0	0	0	0
2007/10/11	无双影者(女)	0		0	0	0	0	0	0	0	0	0	0
2007/10/11	御剑圣者(女)	0		0	0	0	0	0	0	0	0	0	0
2007/10/11	飞天武者(女)	0		0	0	0	0	0	0	0	0	0	0
2007/10/11	法师(女)	2561	23.7	0	1051	900	433	109	52	16	0	0	0
2007/10/11	药师(女)	2551	25.5	0	873	924	478	171	83	22	0	0	0
2007/10/11	刺客(女)	2057	23.2	0	910	701	299	96	35	16	0	0	0
2007/10/11	剑客(女)	1331	23.4	0	580	471	171	69	29	11	0	0	0
2007/10/11	战士(女)	1258	19.9	0	739	385	110	16	7	1	0	0	0
2007/10/12	初行者(女)	6017	5.8	4407	1542	67	1	0	0	0	0	0	0

图 6-13

不知道大家有没有发现这个表格与前面游戏用户等级分布图（图 6-12）之间的关联，这其实表现了数据统计与数据分析之间的关联。图 6-13 中的表格进行了数据统计，而图 6-12 则是根据游戏用户等级分布进行数据分析的结果展示（当然这个图比较表面，具体分析原因还需要深挖）。

数据分析会受到数据统计的影响，数据统计相当于数据分析的素材。举一个生活中的例子，这就好比厨子要做菜，你给了他大米、牛肉、鸡蛋、西红柿（除油、盐、酱、醋这些佐料）。此时一位顾客想吃鱼丸粗面，但你没有相关食材，你只能让他吃炒鸡蛋、西红柿炒蛋、蛋炒饭、牛肉炖西红柿、牛肉煎鸡蛋等。

切忌凭空捏造数据，妄自做出判断。捏造出来的假信息很可能会导致运营策划做出错误的判断，从而毁掉一款游戏。

经济系统相关统计如图 6-14 所示。

时间	world	总剩余金钱(金)	背包存放金钱总量(金)	仓库存放金钱总量(金)	邮件存放金钱总量(金)
2007/10/11(四)	0	125468.469	28312.223	97118.266	37.984
2007/10/10(三)	0	463732.500	89455.586	373910.312	366.606
2007/10/09(二)	0	446154.094	88418.797	357468.750	266.571
2007/10/08(一)	0	415691.406	82892.867	332761.219	37.322
2007/10/07(七)	0	407992.406	80665.125	327290.375	36.890
2007/10/06(六)	0	418188.844	77118.016	341040.156	30.659

时间	world	总产出(金)	任务产出(金)	玩家卖给NPC物品获得金钱	打工获得金钱(金)
2007/10/10(三)	74	7141.098	4275.011	2866.087	0.000
2007/10/09(二)	74	7082.563	4288.895	2793.668	0.000
2007/10/08(一)	74	7113.288	4416.558	2696.730	0.000
2007/10/07(七)	74	9465.011	6816.580	2648.430	0.000

时间	world	总消耗(金)	任务消耗(金)	从npc购买消耗(金)	道具合成消耗(金)	道具加工消耗(金)	道具打孔消耗(金)	道具镶嵌消耗(金)	装备升级消耗(金)	装备炼化消耗(金)	兑换家族声望消耗(金)	家族升级消耗(金)	修理装备消耗(金)
2007/10/10(三)	74	3663.568	91.126	1828.118	347.779	745.882	1.135	0.199	0.000	0.000	0.000	0.000	649.329
2007/10/09(二)	74	3765.954	111.744	1847.588	388.700	775.620	2.000	0.226	0.000	0.000	0.000	0.000	640.075
2007/10/08(一)	74	3587.472	99.324	1905.399	293.870	619.494	1.200	0.247	0.000	0.000	0.000	0.000	667.938
2007/10/07(七)	74	4335.317	85.871	2644.181	316.052	599.207	0.952	0.243	0.000	0.000	0.000	0.000	688.811
2007/10/06(六)	74	4042.900	79.668	2499.638	253.044	587.788	0.624	0.234	0.000	0.000	0.000	0.000	621.904

图 6-14

游戏内的经济情况是最重要的衡量指标、玩家的主要追求之一，也是各游戏系统中非常容易出问题的系统之一，所以需要密切关注。

图 6-14 可分为 3 块，第 1 块是根据 world（服务器的编号）统计出的玩家所有存放

金币的系统中的存量金币数（这里的金币指底层的游戏币）；第 2 块是根据 world 统计出的每日消耗的金币数；第 3 块是根据 world 统计出的每日分消耗途径消耗的金币数。

数值策划肯定会对以上这些内容进行规划，但我的规划往往是针对个体玩家的，而最终的数据统计肯定要看服务器的整体情况（个体数据也需要统计，不过其太过庞杂，一般不会一个个看，除非要研究个例）。

我也看过早期统计的全服数据，但由于这种统计数据跨度太大，从 1 级到满级的玩家都存在，所以最终数据存在混乱的情况。目前 MMORPG 的统计数据是可以通过等级段来查看的（如果能做到根据付费档次进行查询就更好了），这种细分统计对实际调整游戏设计来说更可靠。

任务统计如图 6-15 所示。

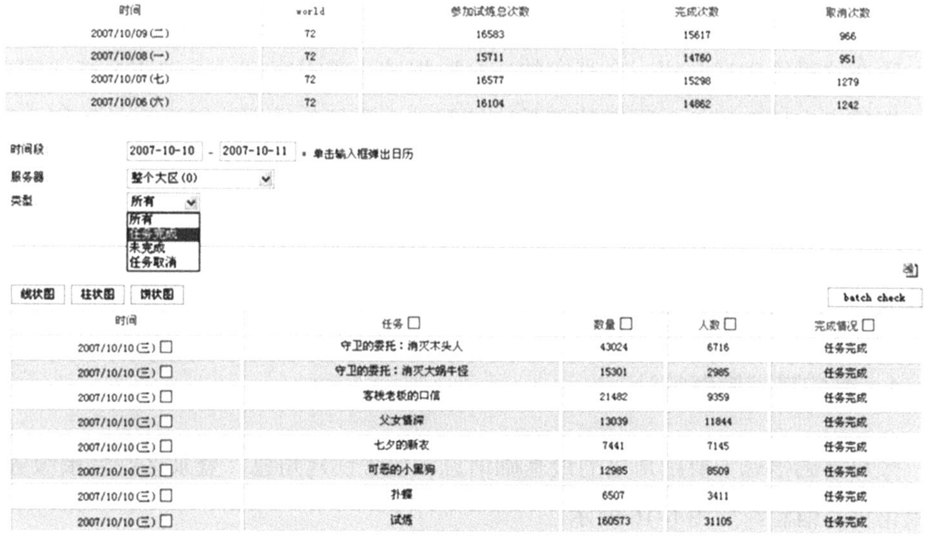

图 6-15

如果细看图 6-15 中的统计数据，其实还是不够详尽。对任务的统计主要看任务接取率和任务完成率。任务接取率用于统计在符合任务接取条件（通常是符合等级要求）的玩家中接取任务玩家的占比。如果这个占比过低，就需要分析是玩家找不到发布任务的 NPC，还是其他原因。任务完成率则是在成功接取该任务的玩家（包含放弃任务的玩家数）中成功完成该任务的玩家的占比，如果任务完成率过低，则可能表示任务难度过大或奖励太差，以至于玩家不愿意花时间去完成任务。这种统计方式除了用在任务统计上，也非常适合活动统计。

由于篇幅的关系，我们在这里只介绍上述例子，但在实际工作中我们会统计非常多数据。我们要分门别类地做好数据统计工作，要保证尽可能多地获取有效的关键数据。

6.3 后台数据统计需求

后台数据主要分为个人数据和全服数据。个人数据是玩家自身产生的数据，而全服数据则是一些与服务器相关的数据（比如 BOSS 刷新率、副本开启率等数据）。

我在这里给大家介绍一个真实的后台数据统计需求案例，不过这个统计需求是第一期需求文档的规划，面向的都是比较基础、系统的数据，较适合做案例。真实的数据统计需求一般会分为好多期来制作（大公司通常都有专门的数据统计工具，程序员只需要按需求输出数据即可，这也是他们多年积累的宝贵经验）。

6.3.1 个人数据统计

1. 账户基础信息统计

账户基础信息主要指角色的最基础信息，包含创建角色、登录区、登录服务器、删除角色等信息，如图 6-16 所示。

Log分类	Log项	频率	Log方式	监控	Log内容	备注
系统操作						
登入登出	登录账号	少	固定Log		账号ID、登录服务器、登录IP	包含玩家每次选择角色登录，不包含从输入账号密码到登录选角的流程
	登入游戏	少	固定Log		账号ID、角色ID、登录服务器、登录IP	
	退出游戏	少	固定Log		账号ID、角色ID、登录IP、本次上线时长	
	登录IRC	少	固定Log		账号ID、角色ID、登录服务器、登录IP	
	切换IRC	少	固定Log		账号ID、角色ID、登录服务器、登录IP	
角色操作	删除角色	少	固定Log		账号ID、删除角色ID、登录服务器、登录IP	

图 6-16

账户基础信息是非常重要的信息。除了用于统计游戏内部相关数据的留存率等重要信息外，它还可以为是否被盗号提供重要依据。早期 MMORPG 会对频繁切换 IP 登录游戏的账号进行冻结，因为出现这种情况往往是被盗号了。

2. 角色属性数据统计

角色属性数据统计主要是统计角色的动态属性变化，比如等级提升了、经验值改变了等。角色属性数据统计如图 6-17 所示。

图 6-17

角色属性的相关数据可以用来排查人物属性的异常问题，有些外挂软件可以修改人物属性，通过这些数据统计我们就能排查玩家属性异常情况了（玩家在其当前等级能达到的数值是可以计算出来的）。

3. 技能数据统计

技能数据统计主要包含对技能的熟练程度和角色的技能等级提升等事件的统计。技能数据统计如图 6-18 所示。

图 6-18

技能数据统计可以用来排查人物技能数据的问题。比如 A 技能施展 5 秒，每次施展可获取 10 点技能经验值，那么每分钟最多获取 120 点 A 技能的技能经验值（60 秒可施展 12 次技能，所以获取 120 点技能经验值）。如果统计出来的获取技能经验值的速度高于这个值，就证明数据异常，需要确认具体的原因（有 Bug，有外挂软件，或是有设计问题）。

4. 装备数据统计

装备数据统计主要用于统计装备相关信息，比如装备升级成功还是失败，装备附加属性等。这里的数据统计只统计与装备相关的变化信息，至于这个装备什么时候被获取，什么时候被销毁，通通算作背包数据来统计。装备数据统计如图 6-19 所示。

Log分类	Log项	频率	Log方式	监控	Log内容	备注
物品属性改变	耐久度改变	频繁	单独追踪才Log	变化值大于设定值时报警	角色ID、物品流水号、增加/减少、变化值	
	装备改造	普通	固定Log	成功且改造后品质大于设定值时报警	角色ID、角色当前等级、物品ID、物品流水号、成功/失败、原有品质、改造后品质	
	装备升级	普通	固定Log	成功且升级后等级大于设定值时报警	角色ID、角色当前等级、物品ID、物品流水号、成功/失败、原有等级、升级后等级	
	装备追加属性改变	普通	固定Log		角色ID、角色当前等级、物品ID、物品流水号、追加属性号、追加属性值	
	物品保护/解除保护	少	固定Log		角色ID、角色当前等级、物品ID、物品流水号、保护/解除保护	
	物品绑定	普通	固定Log		角色ID、角色当前等级、物品ID、物品流水号	据抢取绑定或者装备绑定带来的绑定属性变化

图 6-19

装备数据统计同样为验证装备的合理性提供了依据。比如一把武器的基础攻击力是 100 点，此外还附加了 51 点攻击力，但根据配置来看，它最多可以附加 50 点攻击力，那么我们就要检查是不是配置出了问题，还是因其他 Bug 导致出现了这个问题。

5. 背包数据统计

背包数据统计主要用于统计玩家对背包内道具的操作行为所反馈的相关数据，比如道具被使用了、获取道具等。背包数据统计如图 6-20 所示。

Log分类	Log项	频率	Log方式	监控	Log内容	备注
背包改变	获得物品	频繁	根据ID来Log		角色ID、角色当前等级、物品ID、物品流水号	包括任务、打怪拾取、买卖、交易所得到的物品
	使用物品	频繁	根据ID来Log		角色ID、角色当前等级、物品ID、物品流水号	
	销毁物品	普通			角色ID、物品ID、物品流水号	
	装备/卸载物品	频繁	单独追踪才Log		角色ID、物品ID、物品流水号、装备/卸载	
	金钱数量改变	频繁	根据金额大小来Log		角色ID、增加/减少、金额、方式（NPC买卖、修理/玩家间交易/打怪拾包/任务奖励）	主要指买卖、修理和农场带来的金钱数量改变
	丢弃金钱	少	固定Log		角色ID、金额	特指铜钱金钱

图 6-20

背包数据统计是我们获取玩家"资产"情况的重要途径，这就好像清点玩家的"资产"一样。详尽地分析玩家手中的"资产"对后期制定运营相关活动有着重大的指导意义。举个例子，运营策划策划了一个非常不错的运营活动，运营活动准备奖励紫色装备给玩家，但我们通过数据统计发现玩家的紫色装备持有率超过了 80%，特别是高等级、高活跃度的玩家几乎是 100%持有紫色装备，那么此时再投放紫色装备对于高端玩家来说就没有很大的吸引力了。

6. 社交数据统计

社交数据统计主要用于统计玩家的好友、仇人、黑名单的变化信息等社交相关数据。社交数据统计如图 6-21 所示。

图 6-21

7. 任务数据统计

任务数据统计主要用于统计与任务相关的数据。任务数据统计如图 6-22 所示。

图 6-22

8. 宠物数据统计

宠物数据统计主要用于统计与宠物升级、获取宠物、喂食宠物等相关的数据。宠物数据统计如图 6-23 所示。

图 6-23

9. 战斗数据统计

战斗数据统计主要用于统计玩家在战斗过程中造成的伤害、受到的伤害及击杀与被击杀等相关数据。战斗数据统计也是排查游戏 Bug 的一个重要手段,当玩家造成异常的伤害输出时,我们就要排查是不是出现 Bug 或玩家运行了外挂软件(千万不能是数值设计的问题,不然数值策划距离失业不远了)。战斗数据统计如图 6-24 所示。

Log分类	Log项	频率	Log方式	监控	Log内容	备注
战斗行为						
使用技能	物理/魔法技能	频繁	单独追踪才Log		角色ID、技能ID	用同一种Log格式
	SP技能	普通	固定Log		角色ID、技能ID(ID符合SP技能编号)	
攻击行为	攻击怪物	频繁	单独追踪才Log		角色ID、角色当前等级、NPCID	
	攻击NPC	普通	固定Log		角色ID、角色当前等级、NPCID	
	杀死怪物	频繁	单独追踪才Log		角色ID、角色当前等级、NPCID	
	杀死NPC	普通	固定Log		角色ID、角色当前等级、NPCID	
	杀死玩家	普通	固定Log		角色ID、角色当前等级、被杀玩家角色ID、被杀玩家角色当前等级	
天道成功(死亡以下一种方式记录)		少	固定Log		角色ID、角色当前等级、升级物品ID、升级物品流水号、升级物品原等级、升级物品现等级	只记录幸存和死亡
死亡		少	固定Log		角色ID、角色当前等级、地图ID、X坐标、Y坐标、被杀原因(天谴、NPC、玩家)、杀手ID(系统、NPCID、玩家角色ID)、掉落物品1 ID、掉落物品1流水号、掉落物品2 ID、掉落物品2流水号、掉落物品3 ID、掉落物品3流水号、扣除经验值	包括死亡后掉落的物品
复活		少	固定Log		角色ID、复活地图ID、复活X坐标、复活Y坐标	

图 6-24

10. 地图数据统计

地图数据统计主要用于统计玩家在地图上的一些操作结果信息,比如移动、切换地图、与 NPC 交互等。地图数据统计如图 6-25 所示。

Log分类	Log项	频率	Log方式	监控	Log内容	备注
移动行为						
	移动位置	频繁	单独追踪才Log		角色ID、移动目标地图ID、目标X坐标、目标Y坐标	指同一地图的坐标变换
	地图切换	普通	单独追踪才Log		角色ID、切换前地图ID、切换后地图ID	指不同地图的切换
NPC交互						
	NPC对话	频繁	单独追踪才Log		角色ID、NPCID、角色所处地图ID、所处X坐标、所处Y坐标	用同一种Log格式
	NPC采集	普通	单独追踪才Log			

图 6-25

11. 邮件数据统计

邮件数据统计如图 6-26 所示。

Log分类	Log项	频率	Log方式	监控	Log内容	备注
发送/接收邮件		普通	固定Log		发件方角色ID、收件方角色ID、邮件ID	

图 6-26

12. 交易数据统计

交易数据统计主要用于统计玩家之间、玩家与 NPC 之间进行交易的相关数据。交易数据统计如图 6-27 所示。

Log分类	Log项	频率	Log方式	监控	Log内容	备注
交易行为						
玩家间交易	交易邀请/许可	频繁	单独追踪才Log		发出邀请角色ID、应答邀请角色ID、发出邀请角色所处地图ID、所处X坐标、所处Y坐标、应答邀请角色所处地图ID、所处X坐标、所处Y坐标	
	交易成功	普通	固定Log		交易方A角色ID、交易方B角色ID、交易方A交易物列表（金额、物品清单）、交易方B交易物列表（金额、物品清单）	仅记录成功与否，物品和金额变化由获得物品和获得金钱Log完成
商店交易	商店买卖	频繁	单独追踪才Log		角色ID、商店ID、花费/获得金额、购买/卖出物品ID、物品数量	
	修理装备	频繁	单独追踪才Log		角色ID、商店ID、花费金额、修理物品ID、修理物品流水号	
商城交易	商城买卖	普通	固定Log		角色ID、购买物品ID、购买数量、花费星钻、花费积分	包括星钻消耗和积分消耗
仓库存取	打开仓库	频繁	固定Log		角色ID、仓库ID、是否输入密码、打开时所处地图ID、所处X坐标、所处Y坐标	
	存取物品	频繁	根据ID来Log		角色ID、仓库ID、存/取、物品ID、物品流水号、物品数量	
	扩充仓库				角色ID、仓库ID、扩充行数、角色等级	
	仓库上锁/解锁				角色ID、仓库ID、成功/失败	
	修改密码				角色ID、仓库ID、成功/失败	
拍卖						

图 6-27

6.3.2 全服数据统计

全服数据统计的原理与个人数据统计的原理是相通的，只是把统计对象换成了服务器。我们就不对全服数据统计做过多解释了，只拿特殊物品来进行举例。很多 MMORPG 对珍贵道具都会进行特殊的统计，并且有产出预警，这样一旦短期内频繁产出了某种道具的话，我们就会收到警报。全服数据统计如图 6-28 所示。

Log分类	Log项	频率	Log方式	监控	Log内容	备注
群体行为						
公会行为	公会任务发布	普通	固定Log		发布角色ID、公会ID、任务ID	
	公会活跃度改变	普通	固定Log		导致改变的角色ID、公会ID、增加/减少、改变原因（每日系统定时扣除/在线时长/玩家升级/完成战盟日常任务/完成国家任务/完成战盟重复任务/成员离开/使用道具提升）	
	公会等级改变	少	固定Log		公会ID、提升/降低、改变原因（活跃度上升/活跃度下降/战盟战争输）	
游戏事件						
怪物	怪物死亡	频繁	根据ID来Log		地图ID、生成器ID、怪物ID、杀死怪物的角色ID、角色等级	
副本	伪副本开启/关闭	少	固定Log		伪副本ID、开启/关闭	
	真副本创建/销毁实例	普通	固定Log		真副本ID、平行空间ID、创建/销毁	

备注：
1单独追踪人数上限100
2根据物品ID记录上限数目100

图 6-28

除此之外，全服数据统计最主要的一环就是计数统计，如图 6-29 所示。

图 6-29 中是与金钱相关的计数统计，除此之外，还有一些较为重要的计数统计，如图 6-30 所示。

图 6-29

	单服/全服	累加数据项	累加时机（事件触发时机）	用途	更新日期
金钱计数		每天掉落的金钱计数	每次计算掉落时，把本次掉落的金额累加到累加变量中	统计每天掉落带来的金钱产出	
		每天拾取的金钱计数	每当玩家从掉落中拾取到金钱时，把本次拾取的金额累加到累加变量中	统计每天玩家实际带来的金钱产出	
		每天商店的金钱产出	每当玩家在NPC商店（物品、技能、宠物、骑乘……）中出售商品并得到收益时，把该收益金额累加到累加变量中	统计每天玩家通过出售物品带来的金钱产出	
		每天商店的金钱消耗	每当玩家在NPC商店中消费（购买、修理、学习技能……）并付出金钱时，把该消费金额累加到累加变量中	统计每天NPC商店能消耗多少金钱	
		讨论点1：以上两种商店数据项需不需要进一步细分？例如，产出按不同类的商店进行划分，消耗按不同类的消费形式及不同类的店铺进行划分。我个人建议要细分，宁愿每天在后台把这些数据合计一次——因为这样能让我们更清楚地知道哪些店铺和功能是更益于金钱流动的，哪些做得好，哪些还需要改善。			
		以下为细分项：			
		商店产出部分			
		每天装备商店的金钱产出	每当玩家在装备商店中出售商品并获得金钱时，把该收益金额累加到累加变量中		
		每天宠物商店的金钱产出	每当玩家在宠物商店中出售宠物并获得金钱时，把该收益金额累加到累加变量中	统计每天各种商店会产出多少金钱	
		每天骑乘商店的金钱产出	每当玩家在骑乘商店中出售骑乘并获得金钱时，把该收益金额累加到累加变量中		
		商店消耗部分			
		每天装备商店因购买产生的金钱消耗	每当玩家在装备商店中购买商品并消耗金钱时，把该消耗金额累加到累加变量中		
		每天装备商店因修理产生的金钱消耗	每当玩家在装备商店中修理商品并消耗金钱时，把该消耗金额累加到累加变量中		
		每天技能商店的金钱消耗	每当玩家在技能商店中学习技能并消耗金钱时，把该消耗金额累加到累加变量中	统计每天各种商店消耗多少金钱	
		每天宠物商店的金钱消耗	每当玩家在宠物商店中购买宠物并消耗金钱时，把该消耗金额累加到累加变量中		
		每天骑乘商店的金钱消耗	每当玩家在骑乘商店中购买骑乘并消耗金钱时，把该消耗金额累加到累加变量中		
		每日任务的金钱产出	每当玩家完成任务并得到任务中的金钱奖励时，把该奖励金额累加到累加变量中	统计每日任务会产出多少金钱	
		其他数据项根据功能陆续添加			

图 6-29

图 6-30

	单服/全服	累加数据项	累加时机（事件触发时机）	用途	更新日期
登入/登出计数		每天登录次数	每当玩家登录游戏时，该累加器+1	统计每天游戏的登录次数	
		每小时登录次数	以整点划分，每当玩家登录游戏时，登录时间所处的时间段的累加器+1	统计不同时间段的登录次数	
		每小时登出次数	以整点划分，每当玩家申请退出游戏时，退出时间所处的时间段的累加器+1	统计不同时间段的退出次数	
		每天允许的密码错误次数	每个账号在登录时，记录当天此账号密码输入错误次数	统计每天账号密码输入错误次数	2008/11/11
		每天定时（例如0点）清零密码错误次数			
		其他数据项待补充			
功能计数		每天各功能使用次数	把游戏中的所有功能模块划分出来，所有界面都各自归属于这些功能模块。当玩家在客户端打开相应的界面时，客户端对该类对应的功能模块的计数器累加1。当玩家申请退出游戏（或者间隔一定的时间，例如30分钟）时，客户端把所有功能模块的累加信息传给服务器由服务器对功能模块的计数器上报累加，然后客户端的所有功能模块累加计数器全部清零，重新统计	统计不同功能的使用次数（受欢迎程度）	
			类以上一数据项，在客户端计数的，定时或在玩家退出游戏时才将计数传给服务器累加，然后清零，继续计数。		
		每天快捷键使用次数	两个数据项的区别在于：客户端计数的时机是在完成功能操作时——例如按1～9的快捷键使用技能时，无论玩家快速按多少下1，只有当该指令有效地从客户端传出到服务器的时候才行。	统计不同快捷键的使用频率	
			假如系统机制允许玩家自定义快捷键，那么就以该快捷键捆绑的功能作为计数项，而不以特定的按键作为计数项		
任务计数		不同任务的接取次数	为游戏中的所有任务各自设定计数器，当玩家接取任务时，相应的计数器加1	统计各个任务的接取次数	
		不同任务的完成次数	为游戏中的所有任务各自设定计数器，当玩家完成任务时，相应的计数器加1	统计各个任务的完成次数	
		不同任务的放弃次数	为游戏中的所有任务各自设定计数器，当玩家放弃任务时，相应的计数器加1	统计各个任务的放弃次数	
		玩家放弃游戏时未完成的任务	为游戏中的所有任务各自设定计数器，当玩家超过一段时间（比如两个月）未登录游戏时，此时将玩家尚未完成的任务的相应计数器加1	统计各个任务对玩家放弃游戏的影响	2008/11/11
怪物计数		每天怪物消耗数	按怪物种类（同一中文名字的怪物算是一种怪物）划分计数器，当这种怪物被杀死时，相应的计数器加1	统计每种怪物的消耗量	
道具计数		重要道具	运营人员可以定义需要统计的道具		
		每天使用计数	当玩家使用这些道具时，服务器把相应的累加变量加1	统计重要道具的每天使用次数	
		其他数据项待补充			
技能计数		重要技能	运营人员可以定义需要统计的技能		
		每天使用计数	当玩家使用这些技能时，服务器把相应的累加变量加1	统计重要技能的每天使用次数	
		其他数据项待补充			
用户状态计数		每天不同等级段死亡次数统计	划分一定的等级段（例如10级为1个计数器），当玩家死亡时，玩家级别所处的等级段的计数器加1	统计各个等级段的死亡次数	
PK计数		每天不同等级段PK次数统计	划分一定的等级段（例如10级为1个计数器），当玩家主动PK时，玩家级别所处的等级段的计数器加1	统计各个等级段的玩家主动PK情况	

图 6-30

6.3.3 数据加工分析

一款运营中的 MMORPG 每天所产生的数据量是非常惊人的，所以我们在设计数据统计时，要尽可能地优化统计量（注意是尽可能地，而不是尽量少地）。在我们拿到每日的数据统计之后，还要做数据加工，然后进行数据分析（有些数据不需要加工，可以直接分析），如图 6-31 所示。

统计项	表现方式	统计方法说明	用途	更新日期
月图表曲线	折线图	对每天统计项以折线图的方式把1个月的走势都表现出来	了解各项数据的1个月走势	
月经济产出&消耗图	柱状图	对每天的经济产出部分进行合算，对每天的经济消耗部分进行合算	了解1个月内游戏的经济产出和消耗情况	
		以柱状图的方式把1个月的产出和消耗走势都表现出来		
每天各时段登录次数分布图	柱状图	根据当天每小时登录的次数，把当天各小时的登录次数以柱状图的形式反映出来	了解多数玩家是什么时候上线的	
每天各时段登出次数分布图	柱状图	同上	了解多数玩家是什么时候下线的	
每天各功能使用次数分布图	柱状图	同上	了解各功能的使用频率	
每天快捷键使用次数分布图	柱状图	同上	了解各快捷键的使用频率	
不同任务的完成率	表格	用每个任务的完成次数除以每个任务的接取次数，得出每个任务的完成率	了解任务是否设置合理和是否受欢迎	
不同任务的放弃率	表格	用每个任务的放弃次数除以每个任务的接取次数，得出每个任务的放弃率	了解任务的难易情况和奖励是否合理	
每天各重要道具使用次数分布	柱状图	把当天各重要道具的使用次数以柱状图的形式反映出来	了解重要道具是否受欢迎	
每天各重要道具掉落次数发布	表格	把当天各重要道具的掉落次数以表格的形式全部列出来	了解重要道具在游戏中的实际掉落情况	2008/11/11
每天各重要技能使用次数分布	柱状图	同上	了解重要技能的使用频率	
每天不同等级段死亡次数分布	柱状图	同上	了解各等级段玩家的死亡频繁度	
每天不同等级段PK次数分布	柱状图	同上	了解各等级段玩家的PK频率	
不同地图每小时的玩家在线情况	每小时一张世界地图	用游戏的世界地图来记录每小时各地图的玩家分布数量，每小时一张世界地图	了解地图不同时间段的玩家分布情况	
每天不同等级的玩家分布	柱状图	把每个等级的玩家人数以柱状图的形式反映出来	了解玩家的等级分布情况和趋势	
各金钱数区间玩家分布情况	柱状图	把每个金钱区间的玩家人数以柱状图的形式反映出来	了解玩家拥有的金钱数分布情况和趋势	
各副本每天每场次进入的人数	柱状图	把每个副本每场次的副本人数用柱状图反映出来	了解副本的利用率	2008/11/11
各副本每天每场次的玩家使用重要道具清单	柱状图	把各副本每天每场次的玩家使用各重要道具的次数用柱状图反映出来	了解副本内置道具的利用情况	2008/11/11
各种族使用情况月走势图	折线图	本月内各个种族的角色数占全服角色数的比率的曲线月走势图	了解各种族在1个月内的使用走势	2008/11/11
各职业使用情况月走势图	折线图	本月内各个职业的角色数占全服角色数的比率的曲线月走势图	了解各职业在1个月内的使用走势	2008/11/11
放弃游戏的玩家的等级分布	柱状图	当玩家超过一段时间未登录游戏（如2个月）时，将该玩家的等级以柱状图的形式反映出来	了解放弃游戏玩家的等级分布情况	2008/11/11

图 6-31

第 7 章
求职中的那点事儿

如果你很坚决要进入游戏行业,那么我们就来谈谈这个行业求职中的那点事儿。

7.1 校园招聘

几乎所有的大中型游戏厂商都会开展自己的校园招聘(以下简称校招,公司越好对学校和专业的要求越高),校招是 HR 招聘的重要一环,主要为公司补充大量优质的潜力人才。必须注意的是,校招是有时间限制的,针对的是应届生(必须是当年毕业的学生),一旦超过时间限制,就不能走校招流程了,校招对应聘者的工作经验没有要求。腾讯的校招要求(2020 年)如图 7-1 所示。

腾讯2020校园招聘启动公告&FAQ

2019-08-01 18:07:00

1. 毕业时间(招聘对象)

2020届毕业生(毕业时间在2019年9月-2020年8月,中国大陆以毕业证为准,港澳台及海外地区以学位证为准)

投递简历时,应聘类型请务必选择:校园招聘

图 7-1

应届生如果对各大游戏厂商的校招感兴趣,我建议你最好提前准备,否则容易丧失机会。投递简历时也需要注意时间限制,写简历的注意事项将在后续章节介绍。

7.1.1 岗位需求解析

校招和社招(社会招聘)不同,社招往往都有非常明确的招聘需求(工作经历、项目经历等），而校招主要考察应聘者的个人能力及兴趣点等。

虽然校招与社招相比要求没那么具体，但游戏相关工作的细分方向很多，所以应尽早确定自己的具体发展方向，这样会对系统地学习相关知识有所帮助（与选专业有点像）。这里假设读者们都是游戏策划（校招时一般不会将游戏策划分得过于细致），我们接着往下看。

确定岗位之后，一定要仔细阅读岗位的描述、要求、工作地点等信息，如图7-2所示。

图 7-2

首先，要确定工作地点，如果工作地点接受不了，那么就算拿到了Offer也去不了（千万与家人沟通好，拿到Offer后放弃就太可惜了）。

其次，为大家解析一下岗位。

岗位描述：如果您是一名狂热的游戏爱好者，在无数个由游戏陪伴的日夜里，总是灵感迸发、脑洞大开，幻想着能按照自己的想法做出一款游戏，那么，这里就是把您的绝妙创意变成真实游戏的最佳舞台。

潜台词：玩过的游戏要多，并且要产生自己的想法。

岗位描述：在这里，您是一名恢宏世界的架构师，整个游戏世界，以及游戏中形形色色的生态系统都将由您构建，可能包括系统、交互、数值、文案等设计。

潜台词：对系统、交互、数值、文案等进行设计是这个岗位的工作内容。

岗位描述：在这里，您也必须是一名精雕细琢的匠人，不断与玩家交流，反推其他游戏，从数据中找出问题，然后用匠人一般严谨的态度，协调与你一起工作的美术和程序团队，一点一滴地在游戏中实现想法，并不断改进。

潜台词：迭代式开发，要主动推进与美术、程序团队的合作。

岗位描述：随着公司的不断发展和您的持续积累，您也将会承担越来越重要的职责，发掘新的游戏类型，探索新的市场机会，成为一名游戏制作人，带领团队从无到有地实现一款游戏。

潜台词：视野要宽广，有上升空间。

岗位要求：专业不限，综合素质扎实，学科成绩优秀。

潜台词：我们欢迎"学霸"。

岗位要求：具有优秀的学习能力、创造力、沟通能力、逻辑思维、系统分析与文字组织能力，能从思考事物规律中获得乐趣。

潜台词：我们更欢迎理工类和文学类的"学霸"。

岗位要求：热爱互联网，对行业发展有清晰认识，对所使用过的互联网产品有独立和深入的见解，对用户需求有较好的识别能力和把控能力。

潜台词：对互联网有一定的认知，不接受"互联网文盲"。

岗位要求：良好的团队协作能力，强烈的责任心、务实精神，工作脚踏实地，能够承受高强度的工作压力。

潜台词：划重点，大部分公司都有这点要求，如果接受不了高强度的工作压力，那么你可以不用来了。

岗位要求：热爱游戏，有游戏策划案撰写经验，具有一定的程序设计概念及有各类网络游戏经验者优先录取。

潜台词：有基础更好，玩过的游戏多有加分。多玩游戏不单是字面上的意思，而要求玩游戏之后的所思所想要与游戏设计有关。

以上要求只是基础要求，如果部分要求是你不能接受的，你还要考虑是否应聘游戏策划岗位。比如有些人对经常加班异常排斥，可能不适合这个行业。游戏行业最难的就是入行，简历的投递录用比大概为 75∶1（每个公司不一样），由此可见入行不是一件容易的事情。

如果你并不符合以上的某些要求，也不用过于担心，只要 70%的要求符合就可以投递简历。

7.1.2 笔试

一般情况下，投递简历之后会获得笔试资格（如果简历被淘汰，原因可能是学校和专业不符合要求，也可能是简历内容有问题），笔试内容涉及面广、五花八门。下面我们列举一些偏数值类的笔试题目。

1. 在某个抽卡游戏中，有两种抽卡模式

（1）第一种每次抽 S 卡的抽取概率为 20%，如果前面 9 次都没有抽出 S 卡，那么从第 10 次开始，抽取概率提升为 25%，第 11 次的抽取概率提升为 30%，依此类推，直到抽到 S 卡后，抽取概率变回 20%，接着重复之前的规则。

（2）第二种每次抽 S 卡的抽取概率为 20%，如果连续 9 次都没有抽出 S 卡，那么第 10 次一定是 S 卡，否则第 10 次抽 S 卡的抽取概率仍然是 20%。

问：这两种抽法，每次抽出 S 卡的期望概率分别是多少？

2. 游戏里的男女玩家比例是 8∶2，已知男性玩家有 75% 的概率选男性角色，女性玩家有 90% 的概率选女性角色。

问：你在游戏里认识的女性角色在线下也是女性玩家的概率是多少？

3. 在一款游戏中，战力是唯一衡量游戏胜负的标准。如果玩家的战力高于怪物的战力 100 点，则获得 500 点经验值；如果玩家的战力低于怪物的战力，则战败并丢失 100 点经验值。

（1）玩家的战力在 700~900 间均匀随机取值，怪物的战力在 600~800 间均匀随机取值。

（2）玩家的战力在 700~900 间均匀随机取值，怪物的战力在 600~1000 间均匀随机取值。

问：在这两种情况下，每次战斗获得的期望经验值是多少？

4. 某只怪物有 45 点血，每次普攻造成 5 点伤害，普功有 50% 的概率会造成额外的 5 点伤害。

问：击杀该怪物所需攻击次数的期望值是多少？

5. 当前血量为 60，每回合可以从赤、橙、黄、绿、青 5 种符文中选一种使用，这些符文回复的血量分别为 70、60、50、30、10。在使用符文后，会稳定遭到 40 点伤害，血量降到 0 或以下即死亡。符文可以重复选择。

问：

（1）求能存活 2 个回合的符文组合数量。

（2）求能存活 3 个回合的符文组合数量。

（3）求第 3 回合死亡的符文组合数量。

（4）添加一个能免除下次伤害的紫色符文，求第 3 回合死亡的符文组合数量。

6. 在某款游戏中，每次攻击都要掷一个有 20 面的骰子，骰子的数值为 [1, 20] 中的整数，将其投掷结果称为 1D20，则每次造成的伤害值（DAM）为 DAM = max(ATK + 1D20 − DEF, 0)，其中 DAM 是伤害值、ATK 是攻击力、DEF 是防御力。ATK 和 DEF 均为 [1,20] 中的整数。

问：伤害值（DAM）的期望值是多少？

7. 在官方市场上，一匹马的价格是 500 铜币。玩家也可前往黑市，黑市每次的入门费是 20 铜币。每次进入黑市，都可能发生以下事件：

（1）有 1% 的概率，以 50 铜币购买一匹马。

（2）有 3% 的概率，以 100 铜币购买一匹马。

（3）有 X% 的概率，以 250 铜币购买一匹马。

（4）有 Y% 的概率，获得一枚碎片，攒齐 50 枚碎片可以换一匹马。

（5）有50%的概率，啥也没有获得。

假设市场信息畅通无阻，玩家都知道这些信息。

问：如果希望黑市马的期望价格与官方马的价格相同，那么事件（3）的发生概率 $X\%$ 应该是多少？

8. 你有140点血、10点攻击力，面对3个强盗，均是45点血、5点攻击力。在每次击杀对面的某个角色后，你可以再次出手。

问：

（1）如果你们双方同时出手，最后哪方获胜？剩余血量分别是多少？

（2）如果你先出手，双方轮流出手，最后哪方获胜？剩余血量分别是多少？

（3）如果对方先出手，双方轮流出手，最后哪方获胜？剩余血量分别是多少？

9. 每次打怪都会掉落一件装备，4件装备能凑成一套。

问：

（1）如果每件装备的掉落概率相同，平均打多少次怪能凑成一套装备？

（2）如果每件装备的掉落概率分别为10%、20%、30%、40%，平均打多少次怪能凑成一套装备？

大家有没有发现这些题目的共同点？没错，大部分题目都是关于概率及期望结果的问题，所以要想做好数值类的策划题（只是做题，与做好数值策划无必然联系），那么必须认真地学习概率论的相关知识。我在这里不会回答这些问题，但我相信大家可以找到更专业的途径学习这些知识（问有经验的策划这些问题，或许真不如你找专业图书去学习效率高，因为在一线开发环境下所面对的情况与大部分题目往往不一样，并且有经验的策划可能已经遗忘了相关知识）。

其他类型的策划题就更庞杂了，有涉及游戏系统的，有涉及文学知识和文学素养的，有涉及历史知识的，还有些题目都不知道怎么分类。我建议大家笔试前专攻与游戏相关的知识，因为文学知识和文学素养、历史知识这些都不是短期内可以快速提升的，并且与游戏相关的知识对后续的面试会更有帮助（如果时间充裕，当然全面提升自己的知识储备更好）。

另外，笔试前要拿出当年准备高考时的架势，多做一些习题。现在互联网越来越发达，我们很容易获取大公司曾经出过的考题，多做做这些试题总会有所提升。

7.1.3 面试

面试一般分为单独面试和群面（单独面试指一个应聘者面对一个或多个面试官；群面指多个应聘者面对一个或多个面试官），社招一般不会遇到群面，但校招则可能会遇到。

1. 群面

群面是将一群应聘者集中在一起面试的一种面试方式。这种面试方式通常效率比较高，但是由于面试时间短，面试官无法全面了解个体，所以对于不善于表达的应聘者来说，参加群面可能不如参加单独面试的成功率高。

群面是一种非常容易形成对比的面试方式。应聘者首先需要注重基础礼节，比如自我介绍时起身鞠躬行礼，与所有人打招呼（不要仅与面试官打招呼），保持良好的坐姿等（这些礼仪知识就不多说了）。除此之外，还需要注意以下几点。

（1）不要打断别人的发言，这是非常不礼貌的行为。

（2）不要恶意批评他人，就事论事。

（3）谈话语气平和，态度端正，千万不可狂躁。

（4）发言时言简意赅，要抓住重点，不要喋喋不休。

（5）带好笔和纸，以便记录问题和别人的发言要点，这样可以给自己一个提醒。

其次看面试形式，一般情况下有两种形式。第一种是面试官提问，所有人自由发言；第二种则是应聘者分为几组，面试官分别给各组不同的题目或目标（也可能是相同的题目，要求各组给出不同的答案）。

在第一种形式下，不要急于发言，第一个发言的人往往会有遗漏，后来发言的你再发表观点会更有利（但也要做好第一个发言的准备，不排除没人发言时，面试官直接向你发问的情况）；也不能太靠后发言，不然会给人留下一种不积极的感觉，假设有10个人参加群面，最好第三、第四或第五个发言。发言时要有理有据，即便与别人的观点一样，也不用害怕，面试官更关注你是如何得出结论的。注意，千万不要因为别人的发言有问题而去批判别人的观点，你只需要合理阐述和论证自己的观点即可。

对于第二种形式，我曾经历过，并且现在这种形式依然较为常见。面试官通常会一直关注整个面试过程，通过各个细节来考量应聘者的组织协调能力、洞察力、口头表达能力、非语言沟通能力（如面部表情等），除此之外应聘者的说服能力、自信程度、进取心、反应灵活程度、分析问题能力、沟通表达能力、团队合作能力、专业知识运用能力、情绪控制能力、领导力等都会被制成表格，由面试官逐一打分（具体选项因公司而异）。

分组群面可以说考量的因素是最丰富的，有时个人能力突出但融不进小组的人也不会引人注意（单独面试时他可能会脱颖而出）。面试时要对自己有信心、不卑不亢，组内也一定要充分沟通和协调（如遇到发生冲突的情况，你若能统一大家的观点，这是可以加分的）。此外，发言时一定要以团队角度出发，要及时修正之前队友犯下的错误（有大局观，肯为队友弥补，也是加分项）。

2. 单独面试

如果有单独面试的机会，我觉得你是非常幸运的，单独面试可以让面试官更多地接触应聘者，这样方便大家有更深层的了解。首先也一定要注意礼节，不过与群面不同的是，在没有人与自己进行比较的情况下，一些细节往往不会引起面试官的不适（比如之前群面中的鞠躬行礼，在单独面试的时候，不鞠躬行礼也不会引起面试官的任何不适。但在群面的时候，不鞠躬行礼的人往往会引起面试官的不适。这真是没有对比就没有伤害）。

在单独面试时最好带上自己的作品并打印出来（如果能带笔记本展示也可以），一定要是自己的作品并且经得起面试官的任何提问（有些作品是应聘者用网上的资料拼凑而成的，如果没能吃透内容，被面试官识破或没有回答好面试官的问题，会被减分）。

此外我不建议不喜欢游戏的人从事游戏行业的工作。近些年，很多人看到游戏行业工资水涨船高，选择投身这个行业，但其实平时他并不怎么玩游戏。我不能说这些人（主要是游戏策划，有些美术设计师和程序员确实不怎么玩游戏）就一定做不好游戏，但想要入行的话，没有丰富的游戏阅历确实更为艰辛。而且为了做好游戏肯定要多玩各种游戏，如果不喜欢玩游戏，这个过程就太让人煎熬了。面试官也往往不会青睐于这些人，因为他们中的很多人没有游戏设计感，并且需要大量的时间沟通、学习。

3. 其他面试

除了上述面试方式外，还有电话面试、网络面试等面试方式。这些面试方式的注意细节与单独面试是一样的，只是不能面对面，而面试有时候也看眼缘（就像相亲）。

需要注意，电话面试和网络面试都是通过通信工具进行联系的，所以一定要保证电话信号和网络信号稳定，信号不稳定会非常影响沟通效率（我曾经有过一次电话面试经历，当时电话信号极其不稳定，我连问题都听不清楚，根本无从解答，而且一直让对方重复问题也不好)。

4. 总结

首先要恭喜那些通过校招途径获得 Offer 的同学，你们大部分人淘汰了数十或上百个竞争者而获得了入职机会，但这只是你们职业生涯的开始，你们只是获得了好的开局，最终能不能发展得更好还要看之后的努力。

失败的同学也不要气馁，人生之事本就无常，你没有被录用并不代表你不优秀，可能只是因为应聘的岗位不适合你，或面试官恰好与你没有眼缘。如果你还是想从事游戏行业的工作，那么就需要更加努力地学习相关知识。

提醒一下同学们，校招时要向多家游戏公司投简历，只要你能协调好面试时间，就尽量多参加一些面试。多面试可以积累面试经验，这次面试失败，下次就更有机会成功。面试机会多，顺利入职的概率也就大。

我一向提倡的是入行第一，选择公司第二。如果你还没有入行，学习再多相关知识你也不是业内人士。

7.2　社会招聘

社招往往会针对非常明确的需求进行招聘。比如目前某公司需要一名数值策划，那么 HR 在挑选简历时肯定会寻找有相关经验的策划，而不像校招一样更看重应聘者的学校、专业和个人能力，因为需要有经验的策划直接投入工作。

7.2.1　岗位需求分析

本节将针对数值策划来分析。就算都是数值策划，由于当前市场上对游戏类型的划分越来越细，因此招聘方更希望数值策划拥有所需游戏类型的设计经验和体验经历（不同类型游戏的设计细节会有所差异，有所需游戏类型设计经验的应聘者更占优势）。

下面我们来看两则岗位招聘需求。

1. 偏 MMOARPG

工作职责：

- 进行相关数值系统的设计、跟进、验收及数值平衡。
- 配置各种与数值相关的数据。
- 协助其他部门添加游戏数据，填写数据表。

任职要求：

- 本科及以上学历，3 年以上数值策划经验，在成功项目内担任过数值策划者优先录取。
- 有丰富的 MMOARPG 数值策划项目经验者优先录取。
- 有良好的沟通能力与逻辑思维，头脑灵活。
- 热爱游戏制作行业，并具有高度的进取心。
- 精通 Excel，可熟练使用 VBA 者优先录取。

看招聘需求时，优先看工作职责，这些要求往往是硬性要求。而任职要求是可商榷的，一般会表明一些可优先录取的条件。以上招聘需求可谓中规中矩，工作职责中的 3 点要求对于任何游戏类型均适用。但从下面的任职要求中可以发现，这个项目希望应聘者有 MMOARPG 数值策划经验（其实很难招聘到成功项目的数值策划，因为成功项目的核心数值策划每年的分红都是非常可观的，这样的游戏策划往往不会跳槽，除非定点挖人）。

整体来说，这则岗位招聘需求表明，期望招到有 MMOARPG 数值策划经验的数值策划，但没有的话也可以尝试。如果你有好的 VBA 作品，可以在面试时展示，招聘需求中表示熟练使用 VBA 者优先录取。

2. 偏二次元、战舰

职位描述：

- 本科以上学历，数学或计算机专业或其他理科专业毕业。
- 有大公司供职经历者优先录取。
- 希望有海外 SLG 方向的项目经验。
- 不喜欢频繁跳槽的人。
- 5 年以上数值策划经验。

任职要求：

- 主数值策划，熟悉战舰题材，熟悉二次元手游，会建立数学模型、微观经济生态。
- 负责游戏内活动数值建模及投放，配合主策划把控版本数值体验。
- 根据玩家反馈，落实游戏内各系统的数值体验调优。
- 根据开发需求，及时、合理地完成数值相关设计，并且配合进行数值验收测试。
- 维护现有数值文档。

仔细阅读两则岗位招聘需求，你就会发现它们是完全不同的。相比于前面的招聘需求来说，第二条招聘需求更明确，要求也相对高一些。不喜欢频繁跳槽、有大公司供职经历、5 年以上数值策划经验，需要本科以上学历且最好拥有理工科背景，这些都是硬性要求。

其次岗位明确了招聘的是主数值策划，主数值策划肯定要负责整体数值框架的设计，没有相关经验的人要慎重应聘。除此之外，还可以发现两点：

（1）根据玩家反馈，落实游戏内各系统的数值体验调优。这点说明这款游戏很可能已经上线了。

（2）维护现有数值文档。这点说明这款游戏之前有相关数值文档（很可能是之前的主数值策划离职了）。

小结：

岗位需求分析是应聘中非常重要的一环，将岗位需求与自身情况进行对比后，一般可以得出 3 种结论。

（1）非常符合的岗位需求

可以考虑在简历中着重突出自己的相关能力，但一般情况下简历不会单独针对某一公司的某一岗位，所以大部分时候会优先围绕自身亮点来写简历（也有针对岗位投递简历的人）。

（2）自身能力与岗位需求有一定的重合度，但不是 100%符合

可以考虑在面试的时候，通过使用语言技巧，向面试官表明自己某些方面的能力。比如你要面试 MMORPG 的相关岗位，但你之前并没有做过 MMORPG，那么你可以在面试的时候这样描述：我之前虽然没做过 MMORPG，但是我平时非常喜欢 MMORPG，玩了很长时间××游戏，花了多少钱及排名多少；我还与做 MMORPG 的朋友经常交流 MMORPG 中的设计问题；此外，我还学习过《平衡掌控者——游戏数值战斗设计》这本书，对 MMORPG 的设计并不陌生（以上都可以表示你对 MMORPG 感兴趣，并且玩过这个类型的游戏，注意千万不要伪造简历和游戏经历）。

（3）完全不符合岗位需求

如果确实不符合岗位需求，就不要强求了，特别是自己不能接受的某些游戏类型，之前没接触过又不怎么玩的游戏类型，一般情况下很难做好（比如，我就不喜欢射击类和音舞类游戏，也不打算做这种类型的游戏数值工作）。

7.2.2 简历

大家可以通过网络或学校等途径学到基本的简历写作技巧，我在本节只介绍一

些与游戏行业相关的简历注意要点。

1. 关于照片

首先，不管你的长相如何，请不要让简历上的照片占据过大空间，你是找工作的而不是相面的。其次，如果长相不能加分，那么建议去掉简历上的照片。

2. 联系方式

简历上一定要留自己的联系方式。非常奇怪的是，往往简历写得好的人容易忘记留自己的联系方式，不知道是不是写简历太认真反而遗忘了重要信息。

简历上必须要有手机号和邮箱。一般的面试流程都是 HR 先通过电话跟你确认，然后发邮件跟你确认，所以请不要给 HR 的工作造成不便。

3. 无关信息

这些年简历模板太多，很多内容堆砌，简历上充斥着大量无关信息，有碍于信息的传递，不利于 HR 阅读。所以我们在写简历时一定要言简意赅，突出自己在工作中充当的角色、负责哪些工作和解决了哪些问题。

比如自我评价：

勤奋上进，有责任心，擅长团队合作，谨慎细心。

忠实诚信讲原则，不推卸责任。

适应能力强，勤奋好学，脚踏实地，态度认真。

这些话不能说写得不好，但 HR 阅读简历时会跳过这些内容。在我看来写上面这些话还不如写一些你在××游戏中获得的经验来得更为实际（如果这些游戏经验恰好与招聘需求匹配，那么会给你加分，甚至之前没有相关游戏设计经验也能得到 Offer）。

如果上面这些话还勉强算作中规中矩，那么下面的这些就是扣分项了。

例 1：我之前在××行业做到多么高的位置，月薪××元（然后面试一个月薪 3000~5000 元的小策划）。

例 2：我是非常厉害的策划，不招我是你们巨大的损失，我身上带着价值几亿元的创意。

在此就不多举例了，总之在你还没取得巨大的成功之前，请你低调再低调，否则你很可能死在通往成功的路上（在我国，可能内敛的人更受欢迎一些）。

7.2.3　面试

社招的注意事项与前面介绍的校招的注意事项基本一致。不同的是，社招应聘者往往有相关工作经验，所以在面试过程中，面试官必然会对应聘者之前的工作经历详细发问，通过这些问题来判断应聘者是否符合目前的岗位需求。注意，必须做好充足的准备，有些人虽然之前一直从事相关工作，但让他用语言来表达，往往表达不出自己的专业能力；而有些人则是没怎么做过相关工作，但说起话来头头是道、异常镇静，仿佛从业多年（从我第一本书的读者反馈来看，我深深地体会到了这点，我很佩服那些看了书就能入行的读者）。

我建议从业者每年都进行一次具体的反思，总结自己这一年的工作，并且用语言描述出来，这样慢慢地就可以锻炼出自己归纳总结的能力。

7.2.4　信息收集

我个人觉得信息收集挺重要的，其实很多时候你从事的不仅是一份工作，你还要在一家公司与一个团队一起合作开发游戏。有时候你会发现工作是你想做的，但公司制度缺乏人性，项目组内钩心斗角，此时你该何去何从？所以在投简历时、拿到 Offer 后，你都应该尽自己所能地收集这家公司及项目组的信息。

7.3 我的亲身经历

在本书第 1 章中，我曾提到自己当年待业过 1 年，最终在自己设定的时间底线前顺利入职。这个案例可能不具备可复制性，但我希望大家能够从中看到我是如何分析信息和做出相应策略的调整的（不过当时也有一些运气成分）。当时我的情况是这样的：

（1）没有游戏行业相关经验。

（2）学校中规中矩（好在当时的行业要求比现在低一些，大部分公司要求达到本科学历即可）。

（3）当时我有同学已经入职我即将面试的公司，并打探出了一些信息。我提前得知了几个关键点。

- 面试方式是群面，还没有找到适合的人选。
- 面试官喜欢的网络游戏是《魔兽世界》（那时候市面上的游戏相对单一，而且很多人都喜欢研究这种教科书式的游戏）。
- 面试官平时比较喜欢玩《魔兽争霸 3》（不折不扣的暴雪粉丝）。

根据上述信息，我开始自我分析，并得出如下应对方式。

（1）绝对要避开群面，因为会发挥不出自身水平（群面会让我莫名紧张），所以我打算打一个时间差，在群面开始之后才出现，群面之后直接找面试官，争取获得单独面试的机会（当时我还带了自己的作品，一般新人不会这么做）。面试官在看到我风尘仆仆的样子，并且手上拿着一叠作品时，决定给我一次单独面试的机会（我的目的达成）。

（2）既然面试官喜欢的网络游戏是《魔兽世界》，那么他单独面试我的时候必然会围绕这款游戏提问，所以我针对这款游戏的各个系统进行了准备。事实也正如我所料，他提出了相关问题。

（3）我觉得也有些缘分的因素。我之前经常打游戏《星际 1》，略有玩电竞游戏的底子，后来跟着朋友玩《魔兽争霸 3》，对这款游戏非常熟悉。面试过程中也有提及这款游戏，我觉得我的回答多少给我加了一些分。

最终我在返乡的途中接到了入职电话，从那一刻起我总算长出一口气，因为我知道自己可以入行了。

反侵权盗版声明

电子工业出版社依法对本作品享有专有出版权。任何未经权利人书面许可,复制、销售或通过信息网络传播本作品的行为;歪曲、篡改、剽窃本作品的行为,均违反《中华人民共和国著作权法》,其行为人应承担相应的民事责任和行政责任,构成犯罪的,将被依法追究刑事责任。

为了维护市场秩序,保护权利人的合法权益,我社将依法查处和打击侵权盗版的单位和个人。欢迎社会各界人士积极举报侵权盗版行为,本社将奖励举报有功人员,并保证举报人的信息不被泄露。

举报电话:(010)88254396;(010)88258888

传　　真:(010)88254397

E-mail: dbqq@phei.com.cn

通信地址:北京市万寿路 173 信箱　电子工业出版社总编办公室

邮　　编:100036